新 能 源 系 列

晶体硅光伏组件

沈辉 徐建美 董娴 编著

 化学工业出版社

·北京·

本书共分8章，主要内容包括光伏组件结构与原理、光伏组件封装材料及配件、生产设备与检测仪器、光伏组件生产工艺、光伏组件认证标准与测试、光伏组件可靠性及回收利用、光伏组件技术发展等。

本书可以作为光伏产业技术人员的参考书，也可作为高等院校的教材和教学参考书，也可供光伏技术爱好者自学选用。

图书在版编目（CIP）数据

晶体硅光伏组件/沈辉，徐建美，董娴编著.—北京：化学工业出版社，2019.1（2023.3重印）
（新能源系列）
ISBN 978-7-122-33329-2

Ⅰ.①晶⋯　Ⅱ.①沈⋯②徐⋯③董⋯　Ⅲ.①硅太阳能电池　Ⅳ.①TM914.4

中国版本图书馆CIP数据核字（2018）第262702号

责任编辑：潘新文　　　　　　　　　　　　装帧设计：韩　飞
责任校对：宋　玮

出版发行：化学工业出版社（北京市东城区青年湖南街13号　邮政编码100011）
印　　装：涿州市般润文化传播有限公司
787mm×1092mm　1/16　印张13¼　字数244千字　2023年3月北京第1版第4次印刷

购书咨询：010-64518888　　　售后服务：010-64518899
网　　址：http://www.cip.com.cn
凡购买本书，如有缺损质量问题，本社销售中心负责调换。

定　　价：59.00元　　　　　　　　　　　　　　　　　　　　　　　版权所有　违者必究

"新能源系列"编委会

主　任：沈　辉　骞　路
副主任：王　丽　梅建滨　刘　忠
委　员：沈　辉　骞　路　王　丽　梅建滨　刘　忠
　　　　徐建美　董　娴　杨　岫　吴伟梁　陶龙忠
　　　　孙韵琳　刘仁生　王晓忠　曾祖勤

序

晶体硅光伏组件
JINGTIGUI GUANGFU ZUJIAN

  通过二十多年的奋发努力，我国的光伏产业已经成为具有国际竞争力的高科技产业之一。我国光伏产业的发展是通过政策支持、科技创新和规模化发展而实现成本快速降低，现在光伏发电成本是原来的十分之一。随着技术进步，光伏发电必将走入市场经济，实现平价上网。在这个发展过程中，技术革新和技术进步一如既往地发挥第一生产力的作用。目前我国的光伏发电能源所占电能的比例还不到3%，需要全体光伏技术人员继续努力。未来几十年光伏产业仍将处于一个快速而持续的发展阶段，我预计到2050年，我国光伏电力将会占社会总电能40%以上的份额，成为第一大电力能源，光伏发电的市场发展前景是广阔的。

  要使光伏成为更有影响力的、造福更多人的能源，除了继续降低成本增加效益外，我们还要将光伏和大数据、物联网和人工智能等技术结合起来，创造出更加贴近用户生活的产品，让更多的人认识和接受光伏智慧能源。我国的光伏行业应该追求高质量的发展，用更少的资源投入，创造更高的价值，并且让所有的用户对于光伏绿色能源有更好的感受。我们坚信，大力发展太阳能发电是能源利用的最重要的发展方向，阳光加上人类的智慧将会改变人类的生活与生产方式，世界也会因此变得更加和谐、更加美好、更加文明，一个生态文明的新时代即将到来。

  光伏发电最核心的部件就是光伏组件，光伏组件是光伏智慧能源的最重要基石。光伏发电的主流产品是晶体硅光伏组件，晶体硅光伏组件是最早进入光伏发电市场的，从20世纪60年代算起，晶体硅光伏组件已经有将近六十年的发展与应用历史。目前，关于晶体硅光伏组件的技术发展的技术参考书与教科书比较缺乏，特别是近些年光伏组件新技术的发展很快，更需要总结与分析，以利于行业技术的推广与应用。作为最早从事光伏产业的科技公司，天合光能以创新、品牌和全球化为导向，经历了行业波澜壮阔的发展，经受了行业跌宕起伏的考验，在我国光伏产业与技术突飞猛进发展过程中持续创新，勇立潮头，目前正在向"新能源物联网"的目标挺进。沈辉博士是一位非常令人尊敬的学者，他曾经对我说过，天合光能在晶体硅光伏组件的技术发展方面起到了很重要的作用，应该对晶体硅光伏组件的技术进行分析与总结，为行业的健康发展提供好的理论指导与技术参考，我深表赞同，并且给予支持，并请我公司的徐建美给予全力支持。由沈辉博士、徐建美女士、董娴女士编著的《晶体硅光伏组件》一书，对光伏组件的原理和结构、封装材料、组件生产工艺、生产装备与检测仪器、认证和可靠性、光伏组件的新技术新产品等都做了非常详实的介绍，是一本比较全面地介绍光伏组件的教材与技术参考书，也希望能够对广大读者有较大的帮助。

高纪凡
2019.1
常州

前 言

经过多年的发展，我国光伏组件的产量已经牢牢占据世界第一的位置，而且国内光伏产业已经形成了一个完整的体系，包括生产装备、封装材料、生产技术与工艺、检测与认证标准体系等，并且具备了很强的创新能力和核心竞争力。

光伏组件是光伏电站中最核心的部件，是绿色环保的"直流发电机"，不管是技术还是成本，都对光伏电站的先进性起到决定性的作用。一直以来行业对光伏组件的要求主要是基于三点：

（1）高效率　这主要取决于太阳电池的效率，但是组件封装工艺的优化也有助于提升发电功率；

（2）稳定性　组件是在室外条件下应用的，因此组件的结构、封装材料与工艺对于组件稳定性的影响至关重要，组件能正常使用30年甚至更长，是行业一直以来追求的目标；

（3）低成本　电能是生活与生产的必需品，光伏发电要全面推广，一定要不断降低度电成本，实现平价上网。所以不断降低光伏组件成本，才能有利于光伏发电的推广和应用。

各种光伏组件中，晶体硅光伏组件的发展历史最久，是最早得到应用的光伏产品。国内外的大量实践案例表明，晶体硅组件正常使用可以达到25年甚至更久的时间。可以预见，在未来很长一段时间内，晶体硅组件仍将占据市场的主导地位。晶体硅电池生产技术还在不断发展与进步，光伏组件技术也将继续提升与不断完善。

本书主要包括组件结构与原理、封装材料与配件、组件生产工艺、生产装备与检测仪器、环境试验与检测认证、组件可靠性与回收利用及新技术发展等内容。全书由沈辉博士组织策划与统稿，并编写第1、2章；徐建美女士编写了第3、4、5章；董娴女士主要负责第6、7、8章的编写。全书部分插图的加工处理由黄嘉培完成。本书在编写过程得到了冯志强、张万辉、宋昊、刘超、梁学勤、陈奕峰、陈达明、韩会丽、张舒、沈慧、季志超、孙权、杨泽民、黄宏伟、茅静、闫萍、杨小武、邹驰骋等人的大力支持，在此表示真诚的感谢！

本书编写过程中，天合光能有限公司、国家光伏科学技术重点实验室、中山大学太阳能系统研究所、顺德中山大学太阳能研究院给予了大力支持，提供了很多非常有价值的资料，在此表示真诚的感谢！

本书可以作为高等院校相关专业的教材和教学参考书，也可作为广大光伏产业技术人员参考用书，还可供光伏技术爱好者自学选用。光伏组件技术还在不断发展之中，由于作者学术水平所限，本书会存在一些不足之处，欢迎广大读者提出宝贵意见和建议，以便再版时进一步完善。

沈 辉
2018.12
于广州南国奥园

目 录

晶体硅光伏组件
JINGTIGUI GUANGFU ZUJIAN

第1章　绪论 …………………………………………………… 1

1.1　太阳能概述 ……………………………………………………… 1
1.2　光伏组件概述 …………………………………………………… 4
　1.2.1　光伏产业发展历程 ………………………………………… 4
　1.2.2　技术发展现状 ……………………………………………… 4
1.3　能量回收期 ……………………………………………………… 9

第2章　光伏组件结构与原理 ……………………………… 11

2.1　光伏组件的发展历史 …………………………………………… 11
2.2　封装目的与要求 ………………………………………………… 12
2.3　光伏组件工作原理与技术参数 ………………………………… 13
　2.3.1　工作原理 …………………………………………………… 13
　2.3.2　技术参数说明 ……………………………………………… 14
2.4　光伏组件的结构设计 …………………………………………… 17
　2.4.1　设计原理 …………………………………………………… 18
　2.4.2　设计实例 …………………………………………………… 21

第3章　光伏组件封装材料及配件 ————————— 24

3.1　涂锡焊带 ………………………………………………………… 24
3.2　助焊剂 …………………………………………………………… 26
3.3　盖板材料 ………………………………………………………… 27

3.3.1 超白压花钢化玻璃 …………………………………………… 27
3.3.2 镀膜玻璃 …………………………………………………… 28
3.3.3 化学钢化玻璃 ……………………………………………… 30
3.3.4 有机玻璃 …………………………………………………… 30
3.3.5 聚氟乙烯类 ………………………………………………… 31
3.4 黏结材料 …………………………………………………………… 31
3.4.1 EVA胶膜 …………………………………………………… 31
3.4.2 POE胶膜 …………………………………………………… 37
3.4.3 PVB胶膜 …………………………………………………… 37
3.4.4 环氧树脂 …………………………………………………… 37
3.4.5 液态有机硅胶 ……………………………………………… 38
3.5 背板材料 …………………………………………………………… 39
3.5.1 结构和功能 ………………………………………………… 39
3.5.2 技术要求 …………………………………………………… 40
3.5.3 各类背板材料介绍 ………………………………………… 41
3.5.4 新型背板及应用 …………………………………………… 42
3.6 接线盒 ……………………………………………………………… 44
3.6.1 功能和分类 ………………………………………………… 44
3.6.2 技术要求 …………………………………………………… 46
3.6.3 新型接线盒 ………………………………………………… 49
3.7 密封材料 …………………………………………………………… 50
3.7.1 密封硅橡胶 ………………………………………………… 50
3.7.2 灌封硅橡胶 ………………………………………………… 52
3.7.3 硅酮胶 ……………………………………………………… 52
3.7.4 硅橡胶密封剂的性能要求 ………………………………… 53
3.8 组件边框 …………………………………………………………… 55

第4章 生产设备与检测仪器 —— 57

4.1 生产设备 …………………………………………………………… 57
4.1.1 切割设备 …………………………………………………… 57
4.1.2 玻璃清洗机 ………………………………………………… 59
4.1.3 焊接设备 …………………………………………………… 60
4.1.4 真空层压设备 ……………………………………………… 66
4.1.5 自动生产线 ………………………………………………… 70
4.2 检测仪器 …………………………………………………………… 72

  4.2.1 太阳能模拟测试仪 ················ 72
  4.2.2 隐裂测试仪 ················ 81

第5章 光伏组件生产工艺 ———— 87

 5.1 常规生产工艺 ················ 87
  5.1.1 电池分选 ················ 88
  5.1.2 单焊 ················ 89
  5.1.3 串焊 ················ 92
  5.1.4 叠层 ················ 94
  5.1.5 EL检查和外观检查 ················ 97
  5.1.6 层压工艺 ················ 99
  5.1.7 装铝边框与接线盒 ················ 101
  5.1.8 固化与清洗 ················ 104
  5.1.9 耐压绝缘测试 ················ 104
  5.1.10 组件功率测试 ················ 106
  5.1.11 EL隐裂测试 ················ 107
  5.1.12 外观检查 ················ 107
  5.1.13 包装入库 ················ 108
 5.2 其他封装工艺 ················ 109
  5.2.1 滴胶封装 ················ 109
  5.2.2 高压釜封装 ················ 110
  5.2.3 硅酮胶灌封 ················ 110

第6章 光伏组件认证标准与测试 ———— 111

 6.1 光伏产品认证的要求和类型 ················ 111
  6.1.1 认证的总体要求 ················ 111
  6.1.2 认证的类型 ················ 112
 6.2 光伏检测机构介绍 ················ 114
  6.2.1 国外检测机构 ················ 114
  6.2.2 国内检测机构 ················ 116
 6.3 光伏组件的相关技术标准 ················ 118
  6.3.1 光伏组件标准发展历史 ················ 118
  6.3.2 IEC 61215 ················ 120
  6.3.3 IEC 61730 ················ 120

  6.3.4 UL 1703 …… 120
 6.4 IEC 61215 可靠性测试项目 …… 124
  6.4.1 湿热试验 …… 124
  6.4.2 热循环试验 …… 124
  6.4.3 湿-冻试验 …… 125
  6.4.4 热斑耐久测试 …… 126
  6.4.5 湿漏电试验 …… 127
  6.4.6 静态机械载荷试验 …… 127
  6.4.7 重测导则 …… 128
 6.5 UL 1703 中的关键测试项目 …… 135
  6.5.1 温度测试 …… 135
  6.5.2 漏电流测试 …… 135
  6.5.3 冲击试验 …… 136
  6.5.4 防火测试 …… 136
  6.5.5 热斑耐久试验 …… 137

第7章 光伏组件可靠性及回收利用 …… 138

 7.1 光伏组件的常见问题 …… 138
  7.1.1 热斑效应 …… 138
  7.1.2 PID 效应(电势诱导衰减) …… 138
  7.1.3 蜗牛纹 …… 139
  7.1.4 接线盒失效 …… 140
  7.1.5 EVA 黄变 …… 141
  7.1.6 背板老化 …… 141
 7.2 光伏组件可靠性评估概述 …… 142
  7.2.1 可靠性评估工作难点 …… 142
  7.2.2 相关研究机构的工作 …… 143
 7.3 组件可靠性案例分析 …… 144
  7.3.1 案例1——1982年生产多晶硅组件(Solarex) …… 144
  7.3.2 案例2——1987年生产单晶硅组件(BP Solar) …… 149
  7.3.3 案例3——1996年生产单晶硅组件(Siemens Solar) …… 153
 7.4 光伏组件的回收 …… 157
  7.4.1 光伏组件回收的方法 …… 157
  7.4.2 光伏组件回收再利用难点 …… 160

第8章　光伏组件技术发展概述　161

8.1　光伏组件功率和成本发展趋势　161
8.1.1　功率发展和提效技术　161
8.1.2　成本发展和降本方向　162
8.2　高功率光伏组件　163
8.2.1　半片电池组件　163
8.2.2　叠片电池组件　164
8.2.3　双面电池组件　165
8.2.4　多主栅组件　168
8.3　组件结构的发展　171
8.3.1　1500V 组件　171
8.3.2　双玻组件　171
8.3.3　轻质化组件　172
8.3.4　易安装组件　174
8.3.5　建筑构件型组件　175
8.4　智能型光伏组件　179
8.4.1　Switch-off 型　179
8.4.2　DC-DC 型　180
8.4.3　DC-AC 型　181
8.5　概念型组件　182
8.5.1　光伏/光热一体化组件系统　182
8.5.2　集成二极管光伏组件　182
8.5.3　柔性晶体硅电池组件　185
8.5.4　彩色光伏组件　186
8.6　高端组件和特殊应用　187

附录　190

附录1　光伏组件外观检验标准　190
附录2　EL 判定标准　193
附录3　光伏组件相关的国家标准、行业标准和国际标准对照表　194

参考文献　197

第 1 章

绪 论

太阳能光伏发电系统中最重要的部件是太阳电池,而在光伏电站中得到实际应用的则是由太阳电池组成的光伏组件。太阳电池的工作原理是以半导体的光伏效应(Photovoltaic effect)为基础的,因此光伏组件就是实现光电转换的直流发电设备。太阳电池主要包括晶体硅电池和薄膜电池,而晶体硅太阳电池与组件是最早实现产业化应用的光伏发电产品。根据不同的生长工艺和结晶形式,晶体硅分为单晶与多晶两种类型。晶体硅太阳电池一般以高纯多晶硅为原料,经过掺杂等工艺制造而成。在实际电站应用中,晶体硅光伏组件里的电池通过光伏效应将太阳能转换为直流电后,可以直接给直流负载供电,也可以通过配置交流逆变器,将直流电转变为交流电,给交流负载供电。太阳能光伏发电系统既可离网运行,也可并网运行,成为公共电网的一个组成部分。

1.1 太阳能概述

太阳是位于太阳系中心的恒星,表面温度约为5800K,它的能量来自内部的氢聚变反应。太阳已经存在了50亿年,它每秒消耗约6.2亿吨氢,按照这一燃烧速度,太阳还可以继续为人类服务约50亿年。

太阳辐射的基本参数可以通过黑体模型进行估算。太阳半径 $R_S = 6.96 \times 10^8$ m,地球半径 $R_E = 6.38 \times 10^6$ m,日地距离 $d = 1.496 \times 10^{11}$ m。太阳辐射波谱中,最大能量值对应的波长为 $\lambda_m = 490$ nm。如果将太阳视作黑体,则根据维恩位移定律 $T\lambda_m = b$,得到太阳表面温度为 $T = 5900$K(很接近实际值 $T = 5800$K,其中 b 是常数,也称为维恩常量,$b = 0.002897$m·K)。再根据斯特潘-玻尔兹曼定律 $W_0(T) = \sigma T^4$,可得到单位面积上的发射功率

$$W_0 = 6.87 \times 10^7 \text{W/m}^2$$

式中,σ 是斯特潘-玻尔兹曼常数,$\sigma = 5.67 \times 10^{-8}$ W/(m²·K⁴)。

则太阳辐射的总功率 $P_S = W_0 \times 4\pi R_S^2 = 4.2 \times 10^{26}$ W。设太阳辐射分布在以

太阳至地球的距离为半径的球面上，地球单位面积所能接收到的太阳辐射的功率为

$$P'_E = P_S/4\pi d^2 = 1490 \text{W}/\text{m}^2$$

由于地球到太阳的距离远大于地球半径，可将地球看成半径为 R_E 的圆盘，地球接收到的太阳辐射功率为

$$P_E = P'_E \times \pi R_E^2 = 1.776 \times 10^{17} \text{W}$$

由此即可算出地球全年接收到的太阳辐射能量为

$$W_s = 1.56 \times 10^{18} \text{kWh}$$

有人估算过，只要在非洲沙哈拉沙漠几百平方公里的范围上铺满光伏组件，就可以满足全世界的用电需求。

相对于化石能源、风能、水能等而言，全球太阳能资源的分布更为均匀。全球太阳能资源较丰富的地区有北非、南非、中东、南欧、澳大利亚、美国西南部、南美洲东西海岸、我国西部地区。我国青藏高原的太阳辐射量与世界上太阳能资源最丰富的非洲沙哈拉沙漠地区接近；我国太阳能资源比较差的地区主要位于贵州与四川的部分地区，其他绝大部分地区都可以较好地利用光伏发电。我国西部地区具有大片沙漠、戈壁地带，非常适合建设大型地面光伏电站；而在东部沿海地区，有大量的厂房屋面，适合建设规模化屋顶光伏电站。

以 1000W 光伏组件为例，在太阳能资源中等水平地区，如上海地区，年发电量为 900kWh 左右，广州地区约为 1100kWh；在太阳能资源丰富地区，如昆明，年发电量可以达到 1400kWh，呼和浩特可达 1500kWh，甘肃嘉峪关地区能够达到 1600kWh，新疆乌鲁木齐约为 1700kWh，西藏日喀则地区则可以达到 1800kWh 以上。

光伏发电作为一种全新的发电方式，在全球范围内目前尚处于初级发展阶段。根据国家能源局的统计数据，截至 2017 年底，我国可再生能源发电装机容量达到 6.5 亿千瓦，占全部电力装机容量的 36.6%，其中水电装机容量达到 3.41 亿千瓦，风电装机容量达到 1.64 亿千瓦，光伏发电装机容量达到 1.30 亿千瓦，生物质发电装机容量达到 1476 万千瓦。我国不但是光伏发电设备第一生产大国，也是光伏发电应用第一大国。光伏发电技术之所以得到全球广泛关注与快速发展，主要是因为它具有以下优点：

（1）太阳能取之不尽，用之不竭，在地球上分布广泛，不管在陆地还是在海洋、高山和岛屿，太阳能都可以得到很好的开发和利用；

（2）太阳能和风能、海洋能、地热能等一样，属于可再生清洁能源，其利用过程中几乎不产生污染，基本无 CO_2 排放，光伏发电运行安全、可靠，无噪声、无污染物排放，因此太阳能是真正的绿色能源；

（3）太阳电池所用的主要原料是硅材料，硅在地壳中的含量非常丰富，约占 26%，仅次于氧，因此不存在资源枯竭问题；

(4) 光伏发电设备既可以安装在地面上，建成大型地面发电站，也可以安装在屋顶或幕墙上，甚至可以在每栋建筑上建成一个发电单元，服务于千家万户，这是其他能源所不及的；

(5) 与其他发电形式相比，光伏电站安装简单快捷，容易扩容与搬迁，不会对环境造成影响与破坏；

(6) 光伏电站运行模式相对简单，部件更换与维修方便，可以做到无人值守，维护费用低。作为光伏发电核心部件的光伏组件，一般情况下至少可以正常工作25年，具有明显的经济效益优势。

太阳辐射到地表的能量受自然界昼夜交替、季节变化、地理纬度、海拔高度、气象条件以及各种随机因素的影响较大，呈间断性、不稳定的状态，从而影响光伏发电效果。如晴天有阳光照射就可以正常发电，阴雨天没有阳光照射，发电效果就很差；夏天和冬天的日照时间不同，太阳辐射量不同，因此光伏发电产出也不同。正因为如此，目前光伏发电主要采用并网发电的形式，这样就不会影响终端用户正常用电。

由于化石能源消耗所产生的环境污染问题日益突出，新能源的发展得到世界各国的关注与重视。目前，风能、太阳能及生物质能三大可再生能源技术得到了快速发展。美国杰里米·里夫金在《第三次工业革命》一书中，提到第三次工业革命的五大支柱为：

(1) 向可再生能源转型；

(2) 将每一大洲的建筑转化成微型发电厂，以便就地收集可再生能源；

(3) 在每一栋建筑物以及基础设施中使用氢和其他存储技术，以存储间歇式能源；

(4) 利用互联网技术将每一大洲的电力网转化为能源共享网络，这一共享网络的工作原理类似于互联网（成千上万的建筑物能够就地生产出少量的能源，这些能源多余的部分既可以被电网回收，也可以在各大洲之间通过联网共享）；

(5) 将运输工具转向插电式以及燃料电池动力车，这种电动车所需要的电能可以通过洲与洲之间共享的电网平台进行买卖。

可以预见，光伏发电还将向着与建筑结合、与储能结合、与智能电网结合的方向继续发展，其生产成本会持续下降，直至完全能够与常规能源发电相竞争，成为人类社会电力供应的主要方式。目前在欧洲多个国家，如丹麦、德国、西班牙、意大利等，风能与太阳能发电已经占据了较大的份额。美国、日本及我国的可再生能源发展情况也已经表明，可再生能源能够有效改变能源结构。

根据多家权威机构的统计数据，当前全球太阳能的应用比例还很低，只占全球能源应用总量的2%，而到2050年，全球可再生新能源（包括太阳能）应用比例可以达到70%左右。从发展趋势看，太阳能将逐渐从补充能源向主导能源过渡，成为维持人类社会可持续健康发展的最终能源。

1.2 光伏组件概述

1.2.1 光伏产业发展历程

1973年世界石油危机发生之后，光伏发电技术很快得到世界发达国家的关注。1974年，美国第一家以地面发电应用为目标的公司Solarex成立，其主要生产晶体硅电池与光伏组件。后来，德国Siemens、英国BP、荷兰Shell、日本夏普、京瓷等企业先后进入晶体硅太阳电池和组件产业。

我国从20世纪80年代开始，先后有开封半导体、秦皇岛华美、宁波太阳能、云南半导体及深圳大明五家企业开始从事晶体硅光伏组件生产，并有哈尔滨克罗拉、深圳宇康两家企业先后开始生产非晶硅光伏组件，但由于技术与市场多方面原因，这些企业大多没有发展起来。

从2001年开始，我国光伏产业开始迅速崛起，涌现出尚德、英利、天合、晶科、晶澳、阿特斯等一批光伏企业。2008年金融危机后，欧美很多光伏企业纷纷倒闭，世界光伏产业重新洗牌。2011年，欧美开始针对我国出口的光伏组件产品实行双反政策（反倾销，反补贴），我国政府审时度势，积极引导国内光伏应用市场，通过发展分布式光伏电站示范区，实施光伏电站发展计划等一系列措施，帮助我国光伏企业渡过难关，稳定发展。目前我国的光伏产业已具备很强的国际竞争力，从完全依靠引进国外技术发展到能自主掌握关键材料、核心工艺和重点装备，从产品完全依赖出口转变为国内国外市场并重。2015年底，我国已经成为光伏电站建设规模最大的国家，在我国光伏产业发展史上具有里程碑意义。目前我国光伏产业已经牢牢占据世界主导地位。

1.2.2 技术发展现状

光伏组件最初以单晶硅技术为主，后来随着技术升级和成本变化，多晶硅技术逐渐发展起来，并成为市场主流。近几年来，随着各种基于单晶硅技术的高效电池及组件的出现，单晶硅技术再一次得到发展与提升。

得益于半导体工业的发展与技术进步，太阳电池与光伏组件技术发展速度加快，生产制造工艺日臻成熟完善，目前已实现大规模生产。当前一条光伏组件生产线平均可以实现年产能200MW。世界上最大的几个光伏企业的组件产能已经达到GW量级。2017年，全世界光伏组件产能超过80GW，其中晶体硅光伏组件占了90%以上。

与非晶硅薄膜光伏组件相比，晶体硅光伏组件效率更高，而且由于硅片具有金刚石晶体结构，性能稳定，因而晶体硅光伏组件的使用寿命更长。多个工程实践表明，已经使用了 25 年以上的晶体硅光伏组件至今仍可以正常使用。就目前的封装技术而言，晶体硅光伏组件使用寿命超过 30 年是完全可以实现的。

1.2.2.1　单晶硅光伏组件

单晶硅光伏组件是用单晶硅太阳电池经过封装工艺加工而成的。早期的晶体硅光伏组件主要采用圆片状的单晶硅太阳电池，当时比较有代表性的生产企业是 Siemens，国内则有宁波太阳能（日地）、云南半导体厂（天达）等企业生产。图 1-1 所示为日地公司生产的单晶硅圆片电池组件。随着单晶炉技术的提高，单晶拉棒的直径可以做得越来越大，这样就可以提高单晶硅片的直径和面积。单晶硅圆棒经切割加工而成的单晶电池片一般都是有圆角，通常也称为倒角，这个倒角的直径随着技术进步越来越小，这样就可以不断地提高单晶硅棒的利用率，提高电池和组件效率。而多晶硅电池没有倒角，是完全的正方形，这是单晶硅电池和多晶硅电池最容易识别的特征。早期的单晶硅电池因为单晶硅拉棒的直径限制，加工后的电池尺寸一般为 100mm×100mm 或 125mm×125mm，而随着技术发展，现在一般单晶硅电池尺寸为 156mm×156mm，所组装的组件产品通常采用 6 串×10 片＝60 片串联和 6 串×12 片＝72 片串联两种类型的电池排版方式。

图 1-1　日地公司单晶硅圆片电池组件（胡红杰　摄于云南）

1.2.2.2 多晶硅光伏组件

多晶硅光伏组件主要由多晶硅太阳电池组成。多晶硅太阳电池产业化是光伏产业一个重要的技术进步，也是实现晶体硅光伏组件低成本发展的一个关键性突破。多晶硅片之所以可以成功应用于太阳电池制作，主要归因于材料科学方面的进步，即多晶硅锭定向凝固晶体生长技术和与之配套的电池工艺中的含氢氮化硅薄膜材料钝化技术。多晶硅片由多晶硅锭切割而成，多晶硅锭一般采用定向凝固铸造生产，能耗较低、工艺简单。由于多晶硅片的生产成本比单晶硅片低得多，所以多晶硅光伏组件逐渐成为市场上的主流产品。多晶硅技术是在 2008 年前后快速发展起来的，多晶硅电池可直接做成 156mm×156mm 尺寸，通常也是采用 6 串×10 片=60 片串联和 6 串×12 片=72 片串联两种类型的电池排版方式。图 1-2 所示为采用 60 片电池串联的单晶硅与多晶硅光伏组件。

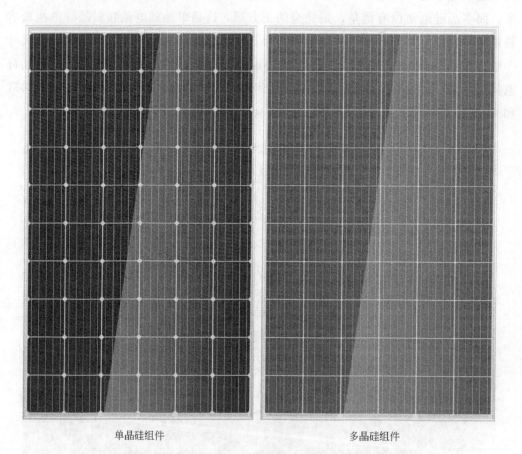

单晶硅组件　　　　　　　　　多晶硅组件

图 1-2　60 片电池串联的单晶硅与多晶硅光伏组件

多晶硅太阳电池由于存在晶界、孪晶、层错等晶体缺陷，其效率比单晶硅低约 1%～2%，但是由于多晶硅片几乎呈完美的正方形，因此多晶硅组件中电池的铺设密度较高。随着单晶硅片制作技术的提升，单晶硅片的倒角越来越小，两种组件的铺设密度差距有一定程度缩小，最终成品组件的效率主要取决于太阳电池效率、组件尺寸和封装工艺等。

1.2.2.3 高效光伏组件

光伏技术发展一直围绕着两个主要课题：一是提高光电转换效率；二是降低生产成本。如果在不增加生产成本的情况下提高太阳电池与光伏组件的效率，那是最佳的技术方向。因此发展高效光伏组件是进一步降低光伏发电成本的最有效措施之一。

高效晶体硅光伏组件主要依赖于电池本身的转换效率和输出功率，因此不管是单晶硅电池还是多晶硅电池，都需要发展特殊的工艺才能实现效率的进一步提升。目前市场上主流的高效电池类型主要有 SE、PERC、PERT、HIT、IBC、MWT 等，在此对这些电池作简单介绍，并对相应的封装技术与组件特点进行简要说明。

SE（Selective Emitter）电池即选择性发射极电池，主要采用选择性扩散工艺制造，主要特点是金属化区域磷高浓度掺杂，光照区域磷低浓度掺杂，以降低接触电阻，提高短波响应，从而提高电池效率。这类组件需考虑封装材料对短波光线的吸收，否则 SE 电池的短波响应优势得不到发挥。选择合适的材料进行匹配，SE 电池组件的功率一般提高 2W 左右。

PERC（Passivated Emitter and Rear Cell）是在常规全铝背场太阳电池的背面增加了 AlO_x/SiN_x：H 双层钝化膜，而背电极通过贯穿钝化膜的开孔与衬底接触。由于采用背面钝化，光生载流子在电池背表面的复合速率得到降低，太阳电池的长波响应得到提高，从而提高了太阳电池的转换效率，PERC 可用于 p 型单晶和多晶电池，电池效率可以提高大约 1%，相应的组件功率比普通电池组件高 10W 以上，适合在散射光占比较大的低辐照地区使用，该类组件目前已经实现了量产。PERC 电池的组件封装工艺与常规晶体硅电池是完全相同的。

PERT（Passivated Emitter, Rear Totally-diffused）太阳电池是采用 n 型单晶硅片作为衬底的高效晶体硅太阳电池。由于采用磷掺杂的 n 型硅片作为衬底，因此不存在由"B-O 对"（硼-氧对）引起的光致衰减。n 型 PERT 太阳电池的正面为硼掺杂的 p^+ 发射极，背面为整体磷掺杂的 n^+ 背表面场。一般来说，n 型 PERT 电池组件的功率可以比 p 型 PERC 的功率高 5W 以上。

p 型 PERC 电池和 n 型 PERT 太阳电池可以在正面和背面都采用栅线电极，光线能从电池的正反两面射入电池，同时产生电能，这样的电池称为双面电池。早期双面电池背面采用透明背板，但由于背面发电会导致背板温度升高，容易产生较严重的黄变，所以现在通常都使用双面玻璃的结构来进行组件封装。

HIT（Heterojunction with Intrinsic Thin-layer）太阳电池采用了非晶硅与单晶硅的异质结结构，采用 n 型单晶硅片作为衬底，在其正面依次沉积了一层本征非晶硅薄膜和一层 p 型非晶硅薄膜作为发射极，在背面依次沉积了一层本征非晶硅薄膜和一层 n 型非晶硅薄膜作为背表面场。由于非晶硅的带隙大于单晶硅的带隙，而且非晶硅薄膜对单晶硅片表面有极好的钝化效果，所以 HIT 太阳电池的开路电压远超过单晶硅太阳电池，最高达 750mV。因此 HIT 电池具有转换效率高、高温特性好等优点。HIT 电池效率较常规电池高 1%～1.5%，相应地，功率也高出 15～20W，组件温度系数大约为 −0.29%/℃（一般晶体硅电池为 −0.44%/℃），温度稳定性更好，因此具有更好的发电效果，特别是在高温地区更有优势。HIT 电池工序简单，制备温度低，但对设备要求非常高，目前还没有非常成熟的设备，所以导致良率比较低，成本相对较高。从技术发展趋势来看，HIT 电池会成为一个新的主流技术方向。HIT 太阳电池同样可以做成双面电池，由于 HIT 电池材料的特殊性，建议光伏组件采用双层玻璃封装结构。

IBC（Interdigitated Back Contact）太阳电池即交指型背接触太阳电池，由 R. J. Schwartz 和 M. D. Lammert 于 1975 年发明。IBC 太阳电池采用高少子寿命的 n 型单晶硅片作为衬底，其发射极和背场都位于电池的背面，并被设计成交指形排列，而电池的正面则没有任何栅线，完全消除了光线遮挡。因此 IBC 太阳电池有着非常高的短路电流和转换效率。IBC 电池效率比常规电池高 1.5% 以上，因此组件功率高出 15W 以上，同时 IBC 电池的温度系数大约为 −0.38%/℃，优于普通晶体硅电池，户外实际发电性能有较大优势。IBC 太阳电池可以将发射极和基极电极汇集到电池的两端，焊接时采用专门设计的镀锡铜片将相邻两片电池串联起来，其层压方式则与常规电池一致。此外 IBC 光伏组件正面没有任何金属栅线与互连条，颜色一致，非常美观。

MWT（Metal Wrap Through）太阳电池和 EWT（Emitter Wrap Through）太阳电池是另外两类背接触太阳电池。其中 MWT 太阳电池保留了电池正面的细栅，把主栅通过贯穿硅片的小孔引到电池的背面，消除了主栅对太阳光的遮挡。EMT 电池则更进一步，将正面发射极通过贯穿硅片的小孔引入到电池的背面，从而使电池正面完全没有栅线电极。这两种电池由于发射极的电极被背面的铝背场所包围，因此不能采用常规电池的电极焊接方法，通常采用一种交指形导电背板，使用导电的粘合剂或低温焊接导电浆料将电池的电极同导电背板粘合在一起，在随后层压的过程中使电池与导电背板之间形成有效连接，最终被封装成组件。

如上所述，SE电池、PERC电池与常规太阳电池一样，其组件生产工艺完全相同。IBC太阳电池的焊接方式与常规太阳电池有所差异，但封装工艺则基本相同。PERT电池和HIT电池一般封装成双面组件，即将常规组件中使用的不透光背板换为玻璃或透明背板，从而使光线可以从组件的背面进入电池，提高组件的实际发电效率。MWT太阳电池和EWT太阳电池的封装方式改变较大，导电背板的成本较高，使得这两种技术的推广遇到了较大的困难。

以上几种高效太阳电池都受到研发人员与生产企业的高度重视。目前PERC太阳电池已经成功量产，在最近几年内会得到迅速的发展，成为主流产品。MWT和EWT太阳电池近几年的发展则遇到一些挫折，但是也在不断改进和发展。PERT和HIT太阳电池的发展开始提速，其市场份额在未来几年也将稳步上升。IBC太阳电池一直以来都是Sunpower的独家产品，但近几年国内几家企业开始掌握IBC太阳电池的关键技术，很有可能进行量产，只是目前其成本比较高，主要用于赛车、高档游艇、飞行器以及BIPV（Building integrated PV）等高端市场。

1.3 能量回收期

作为一种新型发电方式，光伏发电的能量回收期与回报率是人们关注的重点。按照生命周期评价方法，太阳能光伏系统的能量回收期EPT（Energy Payback Time）以其全寿命周期中消耗的总能量（包括生产制造、安装和运行过程中消耗的能量）与光伏系统运行时每年的能量输出之比来表示，单位为年。按照目前光伏电站的运行现状，我国大部分地区的光伏电站每年平均每瓦产电不低于1kWh。随着光伏组件近年来生产成本的不断降低，光伏发电的能量回收期已经能够做到不超过两年。

能量回报率RER（Rate of Energy Return）是指发电设备在生命周期内所产生的总能量与其制造过程总能耗之比。为了保证光伏发电具有更高的可靠性与经济性，行业规定了光伏组件的质保期，目前国际通用的光伏组件质保期为25年。所谓光伏组件的质保期，是指光伏组件使用期到达质量保证规定的年限时，其功率衰减不得超过20%。众多案例充分表明，25年的质保期是可以得到保障的。即使按照25年使用寿命计算，按照光伏组件每瓦每年生产1kWh电能计算，25年可以产生25kWh的电能，那么能量回报率可以超过12，如此高的能量回报率是火电、水电和核电都无法相比的。

目前光伏发电的度电成本已经低于0.5元/度，光伏电站的投资回收期已缩短至 5~6 年。随着技术的不断进步和光伏电站的大规模应用，光伏发电的经济性将会更加明显。

此外，光伏组件在不能继续发电而被回收后，其大部分材料也都可以回收再利用，完全符合环保绿色发电与自然和谐发展的目标。

第 2 章
光伏组件结构与原理

光伏组件是由一定数量的太阳电池通过电学连接与机械封装形成的一块平板状的发电装置。光伏组件就像一台低压直流发电机，将太阳能直接转化成电能，与逆变器连接就可以构成一个交流电源。由多块光伏组件构成的供电系统称为光伏电站。与火力发电厂、核电站不同，光伏电站在运行过程中不需要使用燃料，既没有废气、废物排放，也没有噪声污染，只要有阳光，光伏电站就可以连续不断地输出电力。本章主要介绍光伏组件的基本结构与工作原理，包括光伏组件的发展历史、组件封装要求与特点、组件工作原理、技术参数及组件的电路设计等。

2.1 光伏组件的发展历史

自从 1954 年美国贝尔实验室制备出世界上第一片实用的单晶硅太阳电池以来，光伏发电作为一种新型的清洁电力供应方式便得到了不断发展。早期光伏发电主要用于满足无电地区电话机供电需求，由于具有特殊优势，这种技术很快便得到航天工业的青睐。从 20 世纪 50 年代末美国第一颗使用太阳电池的人造卫星"先锋 1 号"成功发射以来，世界上所有航天器都采用太阳电池提供电力。为了保护太阳电池，使其能够抵御外界环境的侵蚀，人们采用玻璃等材料将太阳电池封装起来，形成光伏组件。1975 年以后，光伏组件的设计与生产工艺、封装材料都有了很大的进步，光伏组件的材料体系、生产工艺、性能评估及技术标准逐步得到完善与确立。到了 1985 年，人们将光伏组件的使用质保期从原来的 5 年提高到 10 年，而且光伏组件的结构设计、封装工艺及材料基本定型，至今并无本质的改变。20 世纪 90 年代以来，德国西门子（Siemens）、英国 BP、荷兰壳牌（Shell）、日本夏普（Sharp）、京瓷（Kyocera）等大型企业对光伏组件技术的发展起到了重要的推动作用，行业将光伏组件的研究重点集中于降低成本、提高效率及延长寿命等方面。1997 年，光伏组件的使用质保期已经被承诺可以达到 20

年；从1998年开始，成本比较低廉的多晶硅光伏组件产量开始超过单晶硅组件。到了21世纪，特别是2009年以后，得益于多晶硅电池技术突破与规模化生产快速发展，光伏组件的价格大幅度降低，同时组件质量也得到了很大提高，因此掀起了全球范围的光伏电站建设浪潮。目前一些新产品如双层玻璃光伏组件、集成微型逆变器光伏组件、新型背板材料及n型高效光伏组件不断涌现，为光伏技术的推广应用提供了更多的选择与市场空间。

早期我国生产的光伏组件90%以上都用于出口，并且主要原材料来自国外。从2012年开始，我国大力推广光伏应用，经过短短几年发展，目前已成为全球光伏生产大国和光伏应用大国。

光伏组件是太阳电池的载体，是光伏电站的最重要的组成部分，光伏组件的种类及形式由封装材料及太阳电池的种类决定。

光伏组件的封装材料主要包括玻璃、EVA/POE/PVB胶膜、硅胶、PET/KPK/TPT背板等，通过这些封装材料的不同组合，可以生产出适用于不同环境的组件。传统的铝边框背板组件一般用于大型地面电站和商业民用屋顶，近几年双玻组件逐步大量用于地面电站和商业民用屋顶；与建筑结合一般采用5mm+5mm或更厚的双层玻璃组件；用于日常消耗的小功率组件可以用高分子材料代替玻璃作为前盖板材料，重量轻，携带方便，例如用于草坪灯、光伏玩具等的组件可采用环氧树脂滴胶封装。总之，光伏组件的封装技术与具体用途及应用场所是相互关联的。

2.2　封装目的与要求

在实际应用中，太阳电池都需要通过特定的封装工艺，加工成可以在室外长期使用的光伏组件之后才能使用。封装除了可以保证太阳电池组件具有一定的机械强度外，还具有绝缘、防潮、耐候等方面的作用。具体包括以下几个方面：

（1）从力学方面考虑，晶体硅电池必须进行封装才能保证良好的机械强度。硅片是一种脆性材料，晶体硅太阳电池所用的硅片厚度一般为$180\mu m$左右，非常容易碎裂，通过封装，可以使太阳电池具备很好的力学强度，减轻冰雹冲击、风吹、机械振动等的影响；

（2）提高晶体硅太阳电池抵御外界环境侵蚀的能力。太阳电池的上表面有金属电极、减反射膜，下表面也有金属电极，这些材料长期暴露在室外空气中，极易受到环境侵蚀，导致氧化和损坏，最终造成电池失效，因此必须进行密封；

（3）提高光伏组件的安全性。单片晶体硅太阳电池产生的电流很大，但电压很低,仅为 0.6V 左右,无法直接满足负载的使用要求,必须通过多片电池串联或并联才能达到所需的电气性能要求,这些串联或并联的电池如果放在一起不进行封装,在使用过程中极易发生漏电、触电等危险事故;

(4) 便于运输、安装及维护,不同的封装结构还能够提供多样化的应用。

此外,为了保证长期使用的可靠性,封装后的光伏组件必须经过一系列严格的电气性能和安全性能检测。国际和国内已经制定了完善的晶体硅太阳电池组件的产品标准和检测标准,主要有 IEC 61215-1/2、IEC 61730-1/2 及 UL1703 等。针对应用发展中出现的一些问题,相关的技术标准也在不断进行修改与调整。

2.3 光伏组件工作原理与技术参数

2.3.1 工作原理

早期光伏发电主要采用离网发电模式,仅需考虑直流供电需求。一般而言,串联 36 片晶体硅电池可输出 18V 工作电压,能给 12V 的蓄电池充电,串联 72 片晶体硅电池可以给 24V 的蓄电池充电。现代大规模光伏发电主要采用并网模式,主流产品大都是 60 片和 72 片电池串联而成的组件。

晶体硅电池输出的电流随光强呈线性变化,而其电压则受光强影响很小。一片 125mm×125mm 的晶体硅电池,其工作电流可以达到 5A 以上,而一片 156mm×156mm 的电池可以达到 8A 以上。通常晶体硅组件内的电池多采用串联方式连接。需注意的是,晶体硅电池的电学性能的一致性对于组件的性能至关重要,只有电学性能相同的晶体硅电池才可以相互串联或并联。这里以两片电池为例介绍组件的电学性能。

(1) 两片电池性能完全相同,即 $V_1=V_2$,$I_1=I_2$,那么两片电池串联后,总电压 $V=V_1+V_2$;总电流 $I=I_1=I_2$,相应的 I-V 曲线如图 2-1 所示,可见电压是简单叠加,而电流就是单片电池的电流。

(2) 两片电池性能有差异,即 $V_1=V_2+\Delta_1$,$I_1=I_2+\Delta_2$,那么两片电池串联后,$V=V_1+V_2$,而总电流 I 等同于最小电流,可近似认为 $I=I_1$(假设 I_1 最小),相应的曲线见图 2-2。在这种情况下,组件的电路损耗比较大。

所以在电池串联的组件中,组件电压是所有电池电压的总和,而其中具有最小输出电流的电池限制了组件的总输出电流。由于每片电池之间或多或少都有一些电学性能差异,而且在使用过程中电池的性能也会产生一些变化,因此需要尽量挑选性能参数一致的太阳电池构成组件,以降低电流失配带来的损失。

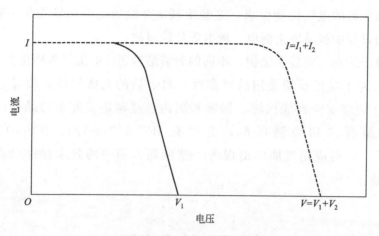

图 2-1 两片性能相同的太阳电池串联

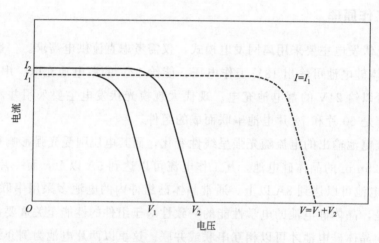

图 2-2 两片性能不同的太阳电池串联

此外，在组件生产过程中，大电流引起的互连条电阻、焊锡等的功率消耗增加也是一个不容忽视的问题，因此采用小面积电池串接成组件的优势明显。近几年有厂家推出半切片电池组件，它可以减少电流损耗，提高组件功率。但是半切片电池会导致组件中连接点成倍增加，如果处理不好，会带来可靠性问题。因此组件生产时需要综合考虑，优化选择。

2.3.2 技术参数说明

光伏组件的电学基本参数主要有输出功率、电流、电压、填充因子及温度系数等。光伏电站的主体是光伏组件，因此光伏组件的技术参数是光伏电站设计的基本数据。通过组件的电学参数，根据所选用的逆变器，就可以选择组件的串、并联数量。组件的外形尺寸、重量及结构也是重要的技术参数,它们是选择合适支架、安装方式及估计场地面积等所必需的参数,在进行光伏电站的设计时都不可忽略。

以市场上常见的 60 片电池串联封装的多晶硅光伏组件为例,其技术参数见表 2-1。

表 2-1 60 片电池多晶硅光伏组件技术参数

标准测试条件 STC					
最大功率 P_{max}/W	265	270	275	280	285
最大功率误差 ΔP_{max}/W	0~+5				
最大功率点电压 V_{mpp}/V	30.8	30.9	31.1	31.4	31.6
最大功率点电流 I_{mpp}/A	8.61	8.73	8.84	8.92	9.02
开路电压 V_{oc}/V	37.7	37.9	38.1	38.2	38.3
短路电流 I_{sc}/A	9.15	9.22	9.32	9.40	9.49
组件效率 η_m/%	16.2	16.5	16.8	17.1	17.4
太阳电池标称工作温度(NOCT)/℃	44±2				
最大功率的温度系数/(%/℃)	−0.41				
开路电压的温度系数/(%/℃)	−0.32				
短路电流的温度系数/(%/℃)	0.05				
最大系统电压/V	1000				

其中 STC（Standard Testing Condition）指地面光伏组件标准测试条件：大气质量 AM1.5,太阳辐射强度 1000W/m²,温度 25℃。下面按照表格所列的顺序,对关键技术参数作简单描述。

① P_{max}（最大功率） 表示峰值瓦数,即在标准测试条件下具有的功率数值,I-V 曲线上电压和电流乘积最大时的点对应的功率即为最大功率,此时的电压、电流分别被称为最大功率点电压 V_{mpp} 和最大功率点电流 I_{mpp}。表 2-1 给出了五种组件最大功率的电性能参数。

② V_{oc}（开路电压） 当组件外接电路开路时,流经电池的电流为 0,此时组件的有效最大电压就是开路电压 V_{oc}。

③ I_{sc}（短路电流） 组件短接时,输出电压为 0V,流经电池内的电流即为短路电流 I_{sc}。I_{sc} 反映的是电池对光生载流子的收集能力,其与光照强度

成正比。

④ η_m（组件效率） 在标准测试条件下，组件最大输出功率与组件接收的太阳能的比值。效率是组件间相互比较的一个重要参数，由下面公式确定：

$$\eta_m = \frac{最大输出功率}{组件面积 \times 辐照强度} \times 100\%$$

式中，最大输出功率即 P_{max}，组件面积指的是组件最大面积，如果带边框，需要把边框也计算在内。

⑤ NOCT（Nominal Operating Cell Temperature） 即太阳电池标称工作温度，指在组件安装角度为 (45 ± 5)℃、太阳光辐照度为 $800W/m^2$、环境温度 20℃、风速为 1m/s 的条件下，组件空载运行稳定后的电池温度。目前最新标准为 NMOT（Norminal Operating Temperature），即组件标称工作温度：组件安装角度在 (37 ± 5)℃，太阳光辐照度 $800W/m^2$，环境温度 20℃，风速 1m/s 的条件下，组件在最大功率点附近运行稳定后的电池温度。

⑥ 温度系数（Temperature Coefficient） 温度系数表征的是温度变化 1℃ 时，组件各性能的相对变化量。功率、电流、电压的温度系数各不相同，电压随温度的变化比较大，电流随温度变化相对比较小。

⑦ 最大系统电压（Max System Voltage） 指组件在系统中串联后的开路电压之和，组件的每一种材料都需要能够承受该电压值。

图 2-3 所示是规格为 275W 的 60 片电池多晶硅组件在不同光强下的 $I\text{-}V$ 曲线图，曲线上每个点的电流和电压的乘积反映这种工作条件下组件的输出功率。

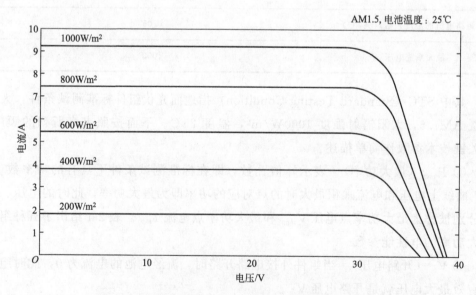

图 2-3　60 片多晶硅电池组件在不同光强下的 $I\text{-}V$ 曲线

为了便于安装，一般在组件边框设计有安装孔与接地孔，见图 2-4。每块组件上有 4 个安装孔，组件与支撑结构可直接通过安装孔固定。接地孔则用于组件的金属部分接地，满足电气安全需求。

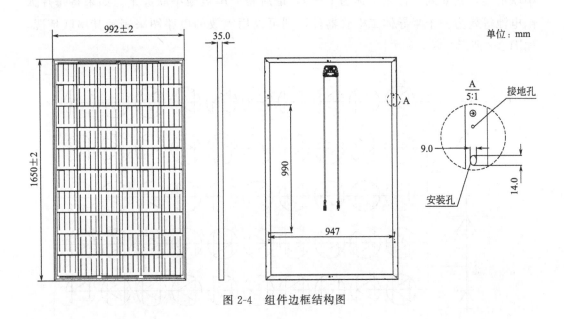

图 2-4　组件边框结构图

2.4　光伏组件的结构设计

常规边框组件的装配结构如图 2-5 所示，从上到下排列依次是玻璃、前 EVA、电池矩阵（电池串）、后 EVA、背板，经真空层压后再安装铝边框及接线盒等部件。

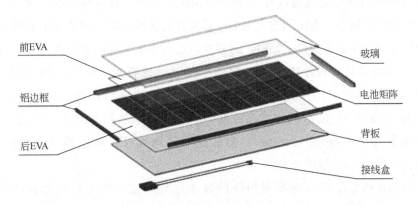

图 2-5　常规边框组件的装配结构

2.4.1 设计原理

以 60 片电池组件为例,组件内部电池矩阵布局为 6 列 10 行,即每列有 10 片串联电池,共 6 列(行业又称为 6 串),最后将 6 串电池串联起来。如果将每片太阳电池等效为一个半导体二极管器件,则可以用等效的电路图来表示其串联情况,如图 2-6 所示。

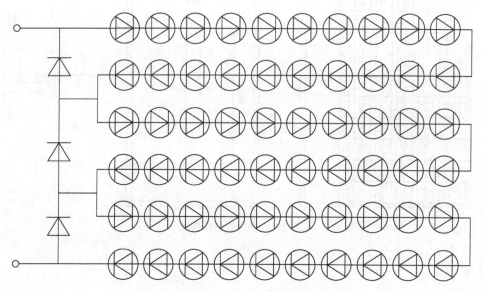

图 2-6 60 片电池组件二极管等效电路图

对于组件结构设计,要考虑四个方面。

第一,考虑组件内部电池的结构排布,一般称为叠层电路设计。组件中每片电池之间的距离,包括横向和纵向距离,一般需要 2mm 以上,这主要是为了保证连接焊带在电池表面上、下翻折连接后不影响组件的可靠性。通过合理的设计,可以让照射在电池间隙中的部分光线通过背板-玻璃的两次反射再次投射到电池表面,这样就可以增加组件的输出功率。电池间隙太大会降低组件的转换效率,间隙太小不利于焊带的弯折,而且可能会导致电池产生隐裂,通常光伏组件中的电池间隔距离为 2~5mm。

第二,考虑组件的最小电气间隙和最小爬电距离要求。电气间隙(Clearance)为两导电部件之间在空间中的最短距离;组件的最小电气间隙(Minmum Clearance or Through Air)是指组件内部带电体(如太阳电池和汇流条)到玻璃边沿的距离;爬电距离(creepage distance)指的是两导电部件之间沿固体绝缘材料表面的最短距离,见图 2-7 和图 2-8。

IEC 61730 和 UL 1703 标准对组件的最小电气间隙和爬电距离都有严格要求。因为封装材料会吸湿,封装过程也不能保证完全密封,因此这个要求与绝缘材料组别、组件应用的微观环境污染程度等有直接关系。一般组件设计的最小电气间隙和

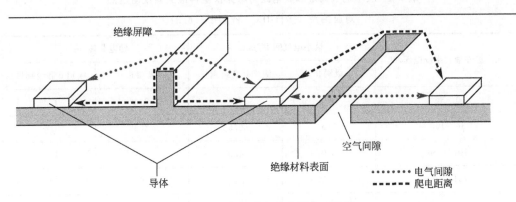

图 2-7 电气间隙与爬电距离示意图

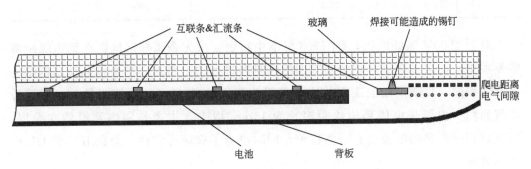

图 2-8 光伏组件电气间隙与爬电距离示意图

爬电距离是基于微观环境污染等级 2 级、材料组别Ⅲa 来选取，然后根据不同的应用等级和系统电压来确定最小电气间隙和爬电距离的要求，当然如果降低组件应用环境污染等级，是可以适当减小距离要求的。应用等级是根据光伏组件的不同应用方式对组件安全性的要求划分的，分为级别 0、级别Ⅱ、级别Ⅲ三个等级（应用划分来源于 IEC 61140）。

级别 0：通过本等级鉴定的组件可用于以围栏或特点区域划分限制公众接近的系统；

级别Ⅱ：通过本等级鉴定的组件可用于电压高于 50V 或功率大于 240W 的系统，而且这些系统是公众有可能接触或接近的。这是目前光伏组件最常用的应用等级；

级别Ⅲ：通过本等级鉴定的组件只能用于电压低于 50V 或功率小于 240W 的系统。用于以围栏或特点区域划分限制公众接近的系统，这些系统是公众有可能接触或接近的。

表 2-2 给出了最小电气间隙和爬电距离与光伏组件最大系统电压的对应关系。UL1703 标准中的要求略低于此表中的要求。

表 2-2 最小电气间隙和爬电距离与光伏组件最大系统电压的
对应关系（摘自 IEC 61730-1 5.6.3）

光伏组件最大系统电压/V	最小电气间隙/mm		爬电距离/mm	
	级别Ⅱ	级别0和级别Ⅲ	级别Ⅱ	级别0和级别Ⅲ
0~35	0.5	0.2	2.4	1.2
36~100	1.5	0.5	2.8	1.4
101~150	3.0	1.5	3.1	1.6
151~300	5.5	3	6	3
301~600	8	5.5	12	6
601~1000	14	8	20	10
1001~1500	19.4	11	30	15

对于 1500V 系统电压，UL1703 标准中特别要求无金属框接地组件到边缘距离需要加倍，如果采用满足相关要求的绝缘材料进行边沿密封，则可以和金属框组件的要求相同。目前市场上现有的应用等级为级别Ⅱ的 1000V 系统组件，一般设计电气间隙（内部带电体到边缘距离）为 15mm 以上，主要是考虑到组件在叠层、层压过程中内部的电池会有一些移位，同时也为了保证可靠性，兼顾 IEC 和 UL 标准的要求。

对于 1500V 系统的最小电气间隙，虽然表格中规定为 19.4mm，但是因为这个间隙距离对组件尺寸改变较大，对组件效率和成本都有影响，因此一般采用与 1000V 组件一样的距离，然后通过 IEC 61730-2 MST14 中规定的脉冲电压测试环节来证明组件的电气间隙是否满足安全要求。

对于最小爬电距离，应用等级为级别Ⅱ的 1000V/1500V 系统组件，最小爬电距离要求为 20mm/30mm，此时组件尺寸会非常大，可通过做 IEC 61730-2 序列 B1 测试将组件污染等级降低为 I，将爬电距离要求减小为 6.4mm 和 10.4mm，这样组件只需满足最小电气间隙就可以满足爬电距离要求。

第三，还需要选择和设计旁路二极管。旁路二极管在光伏组件中电池被遮挡的时候起到导通与保护电池的作用。一般一个旁路二极管最多可以保护 24 片太阳电池，最好控制在 20 片以内。

第四，对于组件输出功率的设计，一般需要知道所设计的组件的 P_{max}、I_{mpp}、V_{mpp} 三个参数中的 2 个参数，或者 P_{max}、I_{sc}、V_{oc}、FF 中的 3 个参数，这样就可以确定电池的尺寸以及电池串联和并联的数量。

综上所述，根据电池的间隙、内部带电体到玻璃边沿的距离和组件的电性能参数要求，就可以设计组件的尺寸，从而选择适当的玻璃尺寸、EVA、背板和边框的尺寸。

2.4.2 设计实例

以多晶硅电池组件的设计为例,设组件所要求的技术参数为:最大功率$P_{max}=275W$,开路电压$V_{oc}=38.0V$,填充系数$FF=77\%$。

第一步:根据组件要求的各项参数选择适合档位和数量的太阳电池。晶体硅电池的输出电压随电池面积变化变动很小,一片156mm×156mm 或者125mm×125mm 的电池,开路电压基本都在 0.6~0.65V,即使把156mm×156mm 的电池切割成任意尺寸,开路电压输出也大约为 0.6~0.65V。因此在设计的时候,可以假设任何尺寸的电池输出开路电压为 0.62V,同时V_{mpp} 一般假设为 0.5V。

首先根据组件要求的电压确定电池数量,该组件的电池数量计算:38V/0.62V=61.3 片,一般根据经验值取整数,选 60 片;然后根据组件要求的功率和电池的数量计算每一片电池所需的功率,单片电池的功率大约为 275W/60=4.58W;之后将电池的最大功率P_{max}、开路电压V_{oc}、组件的填充系数 FF 代入公式$FF=P_{max}/(V_{oc}\times I_{sc})$,计算出短路电流$I_{sc}=9.39A$;最后根据以上参数确定所需太阳电池的效率及档位。通常电池封装成组件会有一些损失,该损失在行业被称为功率封装损失(简称 CTM,即 Cell to Module),一般该值为 98%~100%,通常多晶电池比单晶电池高 1.5% 左右,如果采用特殊的封装材料增加太阳电池对光线的吸收,则可以大幅提高组件输出电流,从而提高组件输出功率,此时 CTM 可能会超过 100%。本例假设该组件 CTM 为 99%,则所需的电池功率大约为 4.58W/0.99=4.63W,那么电池效率就是:[4.63W/(0.15675×0.15675)m^2]/1000W/m^2=18.8%,所以选择效率在 18.8%~19.0% 档位的电池。

表 2-3 所示为多晶硅电池效率和电性能参考表(156.75mm×156.75mm),各种电池因为工艺条件等不同,会有一定差异。

表 2-3 多晶硅电池效率和电性能参考表 (156.75mm×156.75mm)

效率/%	P_{max}/W	V_{mpp}/V	I_{mpp}/A	V_{oc}/V	I_{sc}/A	FF/%
17.5~17.6	4.309	0.5278	8.165	0.6253	8.837	78.0
17.6~17.7	4.335	0.5276	8.217	0.6267	8.866	78.0
17.7~17.8	4.363	0.5284	8.258	0.6266	8.872	78.5
17.8~17.9	4.389	0.5301	8.279	0.6277	8.883	78.7
17.9~18.0	4.414	0.5305	8.320	0.6275	8.885	79.2
18.0~18.1	4.437	0.5317	8.346	0.6281	8.896	79.4
18.1~18.2	4.462	0.5331	8.369	0.6290	8.901	79.7
18.2~18.3	4.486	0.5347	8.391	0.6302	8.915	79.9

续表

效率/%	P_{max}/W	V_{mpp}/V	I_{mpp}/A	V_{oc}/V	I_{sc}/A	FF/%
18.3~18.4	4.510	0.5359	8.416	0.6313	8.937	79.9
18.4~18.5	4.534	0.5372	8.440	0.6324	8.960	80.0
18.5~18.6	4.558	0.5384	8.466	0.6334	8.986	80.1
18.6~18.7	4.581	0.5395	8.492	0.6344	9.012	80.1
18.7~18.8	4.605	0.5404	8.522	0.6351	9.042	80.2
18.8~18.9	4.628	0.5410	8.555	0.6358	9.075	80.2
18.9~19.0	4.651	0.5412	8.594	0.6366	9.121	80.1
19.0~19.1	4.669	0.5393	8.657	0.6363	9.199	79.8

现在行业基本上都已经采用156.75mm×156.75mm的硅片，所以上表表示这个尺寸电池的功率，如果需要计算156mm×156mm的，按面积推算即可。

第二步：根据电池尺寸、数量和相关电气要求设计组件尺寸及结构。一般组件选择装配3个二极管，60片电池设计为6串，每串10片电池，每个二极管与两串电池并联。结构确定之后首先可以根据电气要求确定组件内部每个部件之间的距离，通常每片电池之间距离为3mm，汇流条宽度为6mm，汇流条距电池3mm，汇流条之间距离也是3mm，汇流条离玻璃边沿距离为14.5mm（算上生产过程的公差后，可能会缩小为12mm，这样也能满足IEC距离要求），电池串之间间隙为4mm，电池边缘离玻璃边缘距离也为14.5mm。根据上述参数计算出所需玻璃长度为156×10+3×9+3×(6+3)+14.5×2=1643（mm），玻璃宽度为156×6+5×4+14.5×2=985（mm），玻璃厚度一般选择3.2mm，因此最终确定玻璃的尺寸为1643mm×985mm×3.2mm。

第三步：根据组件尺寸（主要由玻璃尺寸决定）设计铝边框。一般铝边框的壁厚为2mm，高度为35mm，考虑边框和玻璃边沿的间隙（用来填充硅胶）为1~1.5mm，因此铝边框的外尺寸在玻璃尺寸基础上长宽各增加7mm，因此组件整体外形尺寸为1650mm×992mm×35mm，完成晶体硅光伏组件的设计。

本书所描述的晶体硅光伏组件有以下三种最主要的设计方案：

(1) 采用156mm×156mm多晶硅电池，由6列12行共72片电池串联组成，组件功率为315~345W，后面简称为72片多晶硅组件；

(2) 采用156mm×156mm多晶硅电池，由6列10行共60片电池串联组成，组件功率为265~290W，后面简称为60片多晶硅组件；

(3) 采用125mm×125mm单晶硅电池，由6列12行共72片电池串联组成，组件功率为195~215W，后面简称为72片单晶硅组件（这种类型组件正在淡出市场)。

本书后面几章中将主要以60片多晶硅光伏组件为例介绍从设计到检测的所有工序。事实上,随着技术的发展以及市场的多样化、个性化需求的变化,各种类型的组件产品也不断应运而生。对于特殊组件的结构与设计,都可以参考以上的设计方案进行。

第 3 章

光伏组件封装材料及配件

通过合适的材料与相应的工艺，将相同面积且具有一致电学参数的多片晶体硅太阳电池通过互连条焊接在一起，再通过真空层压工艺及相关配件组合进行封装，最终就可以构成一个类似三明治结构的平板形的光伏组件。光伏组件中的太阳电池将太阳辐射直接转换为直流电，而封装材料与其他配件则起保护、绝缘、电学连接及力学支撑等作用。封装材料与辅助配件主要有焊带、封装黏结材料、盖板、背板、边框、接线盒及连接电缆等。封装材料的选择与光伏组件的应用场所有密切关系，因此通常需要根据光伏组件实际应用场合选取合适的封装材料与封装工艺。

光伏组件要经受长达几十年的户外各种气候条件的考验，安装场地环境又复杂多样，这对组件封装材料和工艺都提出了很高的要求。本章主要介绍组件生产过程中涉及的材料、配件的性能指标以及相关的检验方法等。

3.1 涂锡焊带

晶体硅太阳电池之间连接用的焊带一般采用一种镀锡的铜条，这种铜条根据不同使用功能分为互连条和汇流条，统称为涂锡焊带。互连条主要用于单片电池之间的连接，汇流条则主要用于电池串之间的相互连接和接线盒内部电路的连接。焊带一般都是以纯度大于 99.9% 的铜为基材，表面镀一层 $10\sim25\mu m$ 的 SnPb 合金，以保证良好的焊接性能。

焊带根据铜基材不同可分为纯铜（99.9%）、无氧铜（99.95%）焊带；根据涂层不同可分为锡铅焊带（60%Sn，40%Pb）、含铅含银涂锡焊带（62%Sn，36%Pb，2%Ag）、无铅环保型涂锡焊带（96.5%Sn，3.5%Ag）、纯锡焊带等；根据屈服强度又可分为普通型、软型、超软型等。

因为晶体硅太阳电池的输出电流较大，焊带的导电性能对组件的输出功率有很大影响，所以光伏焊带大多采用 99.95% 以上的无氧铜，以达到最小的电阻率，降低串联电阻带来的功率损失。焊带还需要有优良的焊接性能，在焊接过程中不但要保证焊接牢靠，不出现虚焊或过焊现象，还要最大限度避免电池翘曲和破损，因此一般采用熔点较低的 Sn60Pb40 合金作为镀层。如果采用含银镀层，焊带熔点还会降低 5℃，更有利于提高焊接性能，但是由于成本较高，通常不被采用。降低焊带的屈服强度可以提高组件焊接和连接的可靠性，特别是有利于热循环中的应力释放，但这对焊带制作工艺提出了较高的要求，目前行业里一般将焊带的屈服强度控制在 75MPa 以下。早期的焊带屈服强度过高，造成抗拉强度和延伸率太低，导致在实际使用中由焊带问题引起的组件故障较多。表 3-1 列出了通用焊带的主要技术指标。

表 3-1 通用焊带的主要技术指标

序号	项目	技术参数
1	外形尺寸(含镀层)	根据各家规格
2	涂层成分及厚度	涂层成分：Sn60Pb40，偏差 5%
		单面涂层 0.025mm±0.005mm
3	电阻率 $\rho(20℃)/\Omega \cdot m$	$\leqslant 2.4 \times 10^{-8}$
4	侧边弯曲度/(mm/m)	$\leqslant 5$
5	屈服强度/MPa	$\leqslant 75$
6	拉伸强度/MPa	$\geqslant 150$
7	断后伸长率/%	$\geqslant 20$

焊带的宽度和厚度要根据组件的设计来选择或根据特定需求来定制。通常互连条的宽度主要根据电池的主栅线宽度来确定，宽度范围为 1.5~0.9mm，例如 3 根主栅线电池一般采用 1.5mm 宽焊带，5 根主栅线电池采用 0.9mm 宽焊带。基材厚度一般为 0.1~0.2mm，镀层厚度为 0.025mm。汇流条则根据组件的电流载荷需求确定，基材厚度一般为 0.1~0.25mm，宽度为 4~8mm。目前多主栅组件的发展给焊带加工带来了新的挑战，因为多主栅需要用到圆焊带，一般要求直径为 0.3~0.5mm。

焊带对光伏组件的功率和使用寿命有重要影响。目前各焊带厂商及组件厂家从电学、光学等多方面进行优化，设计出各种具有低电阻率的不同焊接方式、不同表面涂层、不同表面结构的焊带，力求减少因焊带引起的组件电学损耗，同时进一步提高组件对光学的利用率和输出功率，例如可利用压延等手段在焊带表面形成陷光结构，见图 3-1（a），或者在焊带表面贴敷具有陷光结构的膜层等。对于表面镀层技术，采用普通热镀工艺的焊带，其表面的镀层是不均匀的，见图 3-1（b），而通过电镀方式在表面形成均匀致密的镀层，能在一定程度上增加基材厚度，从而降低电阻；也可以采用特殊工艺在表面形成有陷光结构的不平整表面的镀层。

新型的低温焊接工艺是未来的一个重要发展方向。传统焊带需要在高温下才能形成合金，完成焊接过程，但高温会导致电池翘曲，引起隐裂甚至破片，影响组件生产成品率，并可能影响组件功率输出，比如异质结电池（HIT），其结构中含有的非晶层对温度非常敏感，温度过高会引起电池效率降低。因此，传统的涂锡焊带还需要在环保、低温、光学、电学、力学等方面进一步改善，以实现组件的高功率、长寿命。

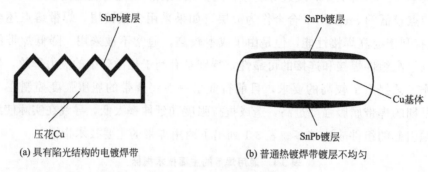

图 3-1 焊带结构示意图

3.2 助焊剂

当涂锡铜带暴露于空气中时,表面会氧化产生氧化物,影响焊接效果,因此焊带使用前需要去除氧化物,同时保证焊带表面不会再次形成氧化。行业一般采用液态免洗助焊剂,其主要成分为有机溶剂、松香树脂及其衍生物、合成树脂表面活性剂、有机酸活化剂、防腐蚀剂、助溶剂、成膜剂等,主要作用是去除氧化物和降低被焊接材质表面张力,并在短时间内扼制氧化反应,从而提高焊带的焊接性能。

助焊剂是易燃易爆危险品,有刺激性气味,一般要求保存在防爆柜中。焊带使用之前采用助焊剂进行浸泡,在浸泡和晾干焊带时要注意保持通风,浸泡好的焊带需及时用完,以防止助焊剂全部挥发后焊带表面再次氧化导致虚焊。常用助焊剂的主要技术指标见表 3-2。

表 3-2 常用助焊剂的主要技术指标

序号	项目	技术要求
1	稳定性	在 $-5 \sim +45$℃ 条件下保持 60 分钟,产品保持透明,无分层或结晶物析出
2	密度/(g/cm^3)	0.8 ± 0.005,标称密度的 (100 ± 1.5)%
3	不可挥发物含量/%	≤2.2
4	酸值/(KOH mg/g)	12~18
5	卤化物含量	无,应使铬酸银试纸颜色呈白色或浅黄色
6	可焊性/%	扩展率≥85
7	干燥度	助焊剂残留物无黏性,表面上的白垩粉(或粉笔灰)易全部除去
8	铜带腐蚀试验	铜带无穿透性腐蚀

3.3 盖板材料

盖板材料铺设在光伏组件的最上层,具有高透光、防水防潮及耐紫外的性能,有一些组件的盖板材料还具有一定的自清洁性能。在选择盖板材料的时候需要考虑两点:一是盖板材料与黏结材料的折射率匹配,以保证有更多的光照射到太阳电池表面,提高组件效率;二是强度与稳定性,能够长期保护太阳电池。最常见的盖板材料为超白压花钢化玻璃,一些特殊场合也使用有机玻璃或其他柔性透明材料。

3.3.1 超白压花钢化玻璃

玻璃是最稳定的无机材料之一,能够在户外使用几十年而不改变其性能,具有很高的机械强度,因此成为光伏组件盖板材料的首选。超白压花钢化玻璃又称低铁压花钢化玻璃,因含铁量低和透光率高而得名,其中压花是指采用压延工艺,在玻璃表面形成一定的花纹,以增加光线的透射率。超白玻璃的含铁量$\leqslant 120 \times 10^{-6}$。图 3-2 所示为 3.2mm 超白钢化玻璃与普通玻璃光谱透光率比较,在 380~1100nm 的波长范围内,超白玻璃的透光率平均在 91.7%,但是非超白玻璃平均只有 87%。为了进一步提高玻璃的透光率,现在行业普遍采用减反射膜玻璃,通过减反膜进

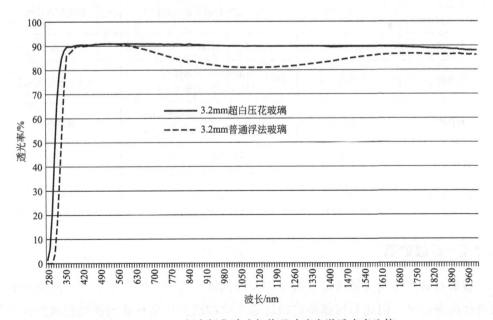

图 3-2　3.2mm 超白钢化玻璃与普通玻璃光谱透光率比较

一步减少玻璃对光线的反射,透光率可提高 1.5% 以上,从而可以提升组件输出功率。钢化玻璃是先将原片玻璃切割成光伏组件所要求的尺寸,然后将其加热到玻璃软化点温度附近,再进行快速均匀冷却而得到。钢化处理后玻璃表面会形成均匀的压应力,而内部则形成张应力,从而可使玻璃的力学性能得到大幅度提高。

超白钢化玻璃一般采用压花工艺生产原片,称为布纹压花玻璃。压花玻璃是将玻璃熔融后用上下滚轮压延而成,通过上下滚轮的花纹来控制玻璃前后面的花纹,通常和空气接触的那一面为布纹面,和 EVA 接触的面为绒面。通过绒面形状的优化可以提高组件的功率输出。通常照射到太阳电池表面的光线一部分被吸收,另一部分被反射回去,由于 EVA 与玻璃绒面之间的内反射作用,电池反射的光线会再次被反射到太阳电池表面,这样就可以增加到达电池的有效光线量,从而提高组件的输出电流和输出功率。绒面形状总体可以分为四角形和六角形两大类型。

常规采用的玻璃厚度为 3.2mm 或 4mm,随着对组件轻质化的要求越来越高,市场上开始有 2.5mm 甚至更薄的玻璃供应。超白低铁压花钢化玻璃的主要技术指标见表 3-3。

表 3-3 超白低铁压花钢化玻璃的主要技术指标

项目	单位	标准	测试目的
尺寸、外观	—	按双方规定	—
透光率 (380~1100nm)	%	≥91.7(镀膜一般≥93)	保证组件功率
含铁量	10^{-6}	≤120	增加透光率
弯曲度	%	弓形的测试面为绒面 弓形≤0.25,波形≤0.2	防止层压出现气泡
钢化度	cm^2	每块试样在任意 50mm×50mm 区域内的碎片数应不少于 40	强度要求
耐冲击性		1040g 钢球冲击试样中心,自由下落高度为 0.8m 时玻璃不破裂	强度要求
抗风压性能	Pa	≥2400	强度要求

3.3.2 镀膜玻璃

玻璃材料及结构直接决定了有多少光线能够入射到太阳电池表面,从而影响光伏组件的发电量,因此如何提高玻璃的透光率和减少灰尘对玻璃的遮挡成为行业关注的焦点。若能够减少玻璃表面的光反射,就可有效增加其透光率,从而提高光伏组件的发电效率。

行业通常通过在玻璃表面刻蚀特定结构或在玻璃表面镀一层低折射率的 SiO_2 膜层,以增加透光率。后者因工艺控制简单、折射率可调节性强、非常适合工业化生产,成为光伏行业广泛使用的技术手段。常见的镀膜工艺有磁控溅射法、化学气相沉积法和溶胶-凝胶法等,其中溶胶-凝胶法因其生产工艺简单、设备成本较低,目前在镀膜行业被广泛运用,在玻璃表面增加一层 SiO_2 膜后,玻璃透光率可提升1.8%~3.0%,见图3-3,从而提高光伏组件的功率输出。

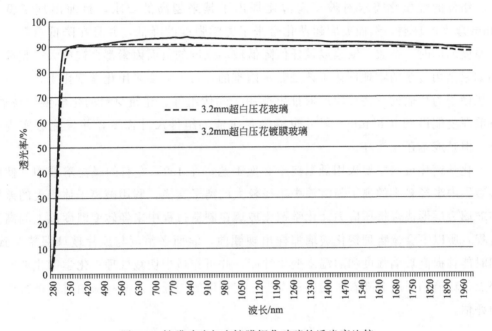

图3-3　镀膜玻璃与未镀膜钢化玻璃的透光率比较

玻璃表面镀膜除了可以提高玻璃的透光率,还可以实现自清洁的功能。在组件实际使用环境中,玻璃表面容易积灰,这会影响组件的输出功率和系统发电量。有数据表明,积灰影响发电量超过8%是非常常见的,因此目前市面上出现了各类具有一定自清洁功能的镀膜玻璃,主要原理是利用纳米材料来改变玻璃表面结构和表面张力,除了具备一定的陷光作用,还能使玻璃表面表现为超疏水性、超亲水性或者具有光降解功能,让灰尘等污染物不易粘附在玻璃表面,或者即便粘附,在雨水冲刷的作用下极易脱离玻璃表面,从而达到提高发电量的目的。只要性能稳定而且价格适中,具自清洁和减反射功能的光伏玻璃就能够得到光伏组件企业的广泛采用。

由于光伏组件的安装环境复杂多样,包括荒漠、田野、屋顶、海边、盐碱地、高海拔地区、积雪较重的地区等,这对镀膜玻璃的可靠性提出了很高的要求。早期的镀膜结构都是开孔结构,现在经过优化改善,都已采用闭孔结构,可靠性得到大幅提高,基本能满足户外长期使用的要求。

目前光伏组件采用的玻璃厚度已经不再局限于 3.2mm、2.8mm、2.5mm、2mm，甚至 0.85mm 的玻璃也开始得到应用，越来越薄的玻璃给镀膜工艺带来了很大的挑战。当前镀膜工艺已经可以适用于 2mm 以上的物理钢化玻璃，也可以适用于压花和浮法玻璃。

3.3.3 化学钢化玻璃

组件的轻质化需求对玻璃超薄化提出了越来越高的要求，目前出现了低于 1mm 厚度的玻璃，然而玻璃超薄化带来了力学强度的降低，并且在降低重量、减小厚度的同时，杂质、缺陷以及任何降低玻璃强度的负面因素都会被放大。超薄玻璃如果采用传统的物理钢化工艺是非常困难的，目前大多采用化学钢化工艺。以日本旭硝子为代表的一些玻璃厂家推出适用于光伏组件、建筑材料的化学钢化玻璃，目前厚度能做到 0.85mm，尺寸也能满足主流的组件尺寸需要，并且能够实现量产，但是成本还比较高。

化学钢化玻璃主要采用低温离子交换工艺，在 400℃ 左右的碱盐溶液中，使玻璃表层中半径较小的离子与溶液中半径较大的离子交换，利用碱离子体积上的差别在玻璃表层形成嵌挤压应力。化学钢化玻璃在制造过程中未经转变温度以上的高温过程，所以不会像物理钢化玻璃那样出现翘曲，表面平整度与原片玻璃保持一致，同时能够提高玻璃强度和耐温度变化性能，并可作适当切裁处理。化学钢化玻璃的缺点是玻璃的强度会随着时间推移发生一定程度的降低，因此在采用时需进行充分的评估。

3.3.4 有机玻璃

有机玻璃是由甲基丙烯酸酯聚合成的高分子化合物，因其质量轻、不易损坏，在一些场合也被采用作为组件盖板材料。有机玻璃是目前最优良的高分子透明材料，透光率也能达到 92%，其抗拉伸和抗冲击能力比普通玻璃高 7~18 倍，而同样大小的有机玻璃重量仅为普通玻璃的一半。有机玻璃断裂伸长率仅 2%~3%，故力学性能特征基本上属于硬而脆的塑料，且具有缺口敏感性，在应力下易开裂。温度超过 40℃ 时，该材料的韧性、延展性会有所改善。

有机玻璃具有良好的介电和电绝缘性能，在电弧作用下，表面不会产生碳化的导电通路和电弧径迹现象，但由于其成本较高，表面硬度低，容易擦伤，耐候性差，因此仅限用于一些特殊场合。有机玻璃可分为无色透明有机玻璃、有色透明有机玻璃、珠光有机玻璃、压花有机玻璃四类，通常用于光伏组件生产的是无色透明有机玻璃，但是有机玻璃因为成本较高，目前还无法批量使用。

3.3.5 聚氟乙烯类

聚氟乙烯类薄膜也适用于光伏组件前表面封装，如透明的PVF、ETFE等一系列改进材料，其中ETFE是用于薄膜组件封装的最常见最可靠的材料。

ETFE即乙烯-四氟乙烯共聚物，是一种具有抗老化性、自洁性、耐腐蚀、柔韧性、耐撕裂性、阻燃性的材料，通常作为柔性组件的表面封装材料。ETFE不仅具有聚四氟乙烯良好的耐热、耐老化和耐腐蚀性能，同时由于乙烯的加入，其熔点降低，因而易于加工，同时机械性能也有所改善，最重要的是黏结性能也大幅提高。目前一般作为前板材料在柔性光伏组件中得到大量应用。

目前ETFE材料都是从国外进口，主要来源于美国杜邦和日本旭硝子。由于其成本高，因此使用量很小。

3.4 黏结材料

本节所涉及的黏结材料主要指的是在组件中用以保护电池并黏结盖板和背板的材料，一般为高分子热融型膜状材料。常见的黏结材料主要有EVA、PVB、环氧树脂和POE等，目前EVA占据市场主导地位，其他材料由于工艺、成本等问题，在光伏组件中应用得都还比较少。在选取黏结材料时需要考虑材料的透光率、与盖板材料折射率的匹配、黏结强度、收缩率、拉伸率、抗紫外线性能、耐老化性能和硫化性能等。选取适当厚度的黏结材料有助于提高层压过程中的晶体硅光伏组件良品率和可靠性。

3.4.1 EVA胶膜

EVA（Ethylene-Vinyl Acetate Copolumer）胶膜是通过对以乙烯醋酸乙烯酯共聚物（俗称热塑性树脂）为基础的树脂添加交联剂、偶联剂和抗紫外剂等成分加工而成的功能性薄膜。

3.4.1.1 EVA的特性

EVA胶膜在一定的温度和压力下会产生交联和固化反应，使电池、玻璃和背板黏结成一个整体，不仅能提供坚固的力学防护，还可有效保护电池不受外界环境的侵蚀，从而保证太阳电池在长年的户外日晒雨淋中正常使用。在组件层压过程中，EVA熔融后偶联剂中的一端与EVA结合，另一端与玻璃结合，增加二者的相互作用。常用的EVA的基本技术指标如表3-4所示。

表 3-4 常用的 EVA 的基本技术指标

序号	项目		单位	标准	测试目的
1	VA 含量		%	28～33	和透光率和组件抗 PID 性能相关
2	交联特性		%	75～90	保证组件可靠性
3	与玻璃的粘接强度		N/cm	>40	防止脱层分离失效
4	收缩率(纵向)		%	<3	防止层压电池移位等
5	透光率	高透	%	>80(320nm) >90(380～1100nm)	保证组件功率
		普通		>90(380～1100nm)	
6	体积电阻率		Ω·cm	常规>3×10^{14} 要求抗 PID:>2×10^{15}	保证其绝缘性能

EVA 的性能主要取决于醋酸乙烯酯的含量(以 VA% 表示)和熔融指数(Melting Idex,简称 MI),VA 含量越大,则分子极性越强,EVA 本身的黏结性、透光率、柔软性就越好。熔融指数 MI 是指热塑性塑料在一定温度和压力下,熔融体在 10min 内通过标准毛细管的重量值。熔融指数在组件封装过程用于描述熔体流动性,MI 越大,EVA 流动性越好,平铺性也越好,但由于分子量较小,EVA 自身的拉伸强度及断裂伸长率也随之降低,黏结后容易撕开,剥离强度降低。由于 VA 单体在共聚时的竞聚率远小于乙烯基单体的活性,因此高 VA 含量的 EVA 树脂,其 MI 不会太高,如 VA 含量 33% 的 EVA,其 MI 最小的为 25 左右,目前工业界中适用于光伏封装的 EVA 树脂,VA 含量一般为 28%～33%,MI 为 10～100。

为了保证组件的可靠性,EVA 的交联率(又称交联度)一般控制在 75%～90%。如果交联率太低,意味着 EVA 还没有充分反应,后续在户外使用过程中可能会继续发生交联反应,伴随产生气泡、脱层等风险;如果交联率太高,后续使用过程中则会出现龟裂,导致电池隐裂等情况的发生。一般 EVA 生产厂家都会推荐一个层压参数的范围(表 3-5),组件生产企业在生产过程中可以根据实际情况进行优化调整。

表 3-5 常见的光伏组件层压工艺参数范围

层压温度/℃	抽真空时间/min	层压时间/min
135～155	4～6	9～12

除了 VA、MI 和交联度之外,EVA 的收缩率、透光率、体积电阻率等也是衡量其是否能够满足组件生产和使用要求的关键因素,此外耐黄变性能、吸水率、击穿电压等也需要进行确认。组件制成之后,还要按照 IEC 61215 标准的相关重测导则进行 DH1000、TC200 等各项可靠性测试。

EVA 的收缩率如果太大，会导致层压过程中电池破片和局部缺胶，因此需要严格控制。通常 EVA 收缩率的测试方法为：裁取长 300mm×宽 100mm 的样品，其中 300mm 长度沿 EVA 的纵向截取，将样品平放在一片 300mm×300mm 的玻璃上，然后将玻璃平放在 120℃ 的热板上，3 分钟后看长度方向的变化数值。测试过程需注意 EVA 一定要保持平整，熔融要从样品的中间向两边延伸，否则收缩率测试结果就不准确。

EVA 的透光率会直接影响组件的输出功率。早期的 EVA 为了防止黄变，其配方中添加了抗 UV 剂，因此在紫外波段的光几乎是被截止的，现在为了提高组件的输出功率，前面的一层 EVA（即电池与玻璃之间）可以采用允许紫外波段光透过的 EVA，组件输出功率能提高 1W 左右，背面一层 EVA（即电池与背板之间）仍采用抗 UV 黄变的 EVA，这也会对背板的抗 UV 性能提出更高的要求。

EVA 体积电阻率对组件的绝缘性能有着至关重要的作用，不但影响着组件的湿漏电指标和各项长期可靠性指标，也是电站里频繁出现的组件内部电池黑线（也称蜗牛纹）和 PID 现象的主要影响因素之一。随着应用端的需求和技术的改进，EVA 的体积电阻率从早期的 $10^{13}\Omega\cdot cm$ 已经提高到现在的 $10^{14}\Omega\cdot cm$，为了达到更好的抗 PID 效果，现在部分厂家已经做到 $10^{15}\Omega\cdot cm$ 或以上。

3.4.1.2 EVA 的生产与保存

我国早期 EVA 来源以进口为主，主要来自美国 STR、德国 Etimex、日本普利司通及日本三井化学等，进口所占比例一度达到 80% 以上。国内的 EVA 厂商如浙江化工研究院、杭州福斯特、诸暨枫华等虽然起步较早，但规模较小，主要为用于西部牧区及海岛等地的小型离网电站系统提供组件封装材料。2005 年前后，随着国内光伏产业的快速发展，国内 EVA 生产发展迅猛，步入规模化量产时代，加上成本优势，很快获得大规模应用。目前以杭州福斯特、上海海优威、常州斯维克、江苏爱康、南京红宝丽等为代表的国产 EVA 已经占了我国 80% 以上的市场份额。

EVA 胶膜的生产工艺可以通过流延法或压延法实现。压延法主要沿用了日本普利司通工艺，通过调节三个或四个压延辊间隙来调节薄膜厚度，其优点是厚度均匀，适用于熔点较高及树脂黏性较低的产品；而流延法工艺则为其他大部分生产厂商所采用，其优点是树脂适用范围广泛，加工参数易调节等。

EVA 保质期一般为 6 个月，储存时应放在避光通风的地方，并且环境温度不得超过 30℃，相对湿度不大于 60%，需避免直接光照和火焰，避免接触水、油、有机溶剂等物质，取出后不能将 EVA 长期暴露于空气中，同时不能让 EVA 承受重物和热源，以免变形。

3.4.1.3 EVA交联度测试

EVA交联度是光伏组件封装过程中非常重要的一项技术指标。目前EVA交联度测试方法有两种，一种是二甲苯萃取法，利用产生交联之后的EVA不溶于二甲苯溶液的性质来计算和测试EVA的交联度；另外一种是差示扫描量热法（DSC）。后者由天合光能首先提出并推广应用，并代表中国首次向IEC提交新标准提案，得到IEC/TC 82专家组的一致认可并正式立项，该项国际标准IEC 62788-1-6已于2017年3月正式发布，成为中国光伏行业第一个提出并主导的IEC标准。下面分别对这两种测试方法进行介绍。

1. 二甲苯萃取法（图3-4）

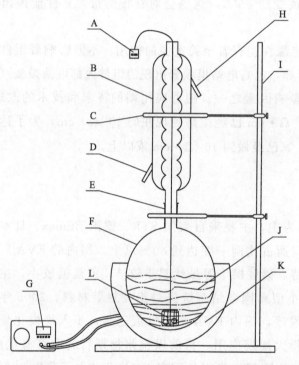

A—标签和吊试样的金属细丝
B—回流冷凝管
C—环形夹子
D—进水管
E—磨口式软木塞
F—大口圆底烧瓶
G—加热控制器
H—出水管
I—支架
J—二甲苯
K—加热套
L—120目不锈钢网试样袋

图3-4 二甲苯萃取法示意图

所需要的仪器设备有：容量为500ml带24#磨口的大口圆底烧瓶；带24#磨口的回流冷凝管；配有温度控制仪的电加热套；精度为0.001g的电子天平；真空烘箱以及不锈钢丝网袋：剪取尺寸为120mm×60mm的120目不锈钢丝网，将其对折成60mm×60mm，两侧边再向内折进5mm两次并固定，制成顶端开口尺寸为60mm×40mm的网袋；所需化学试剂为二甲苯（A.R级）。

试样制备：层压好的待测样品重量大于1g，样品需饱满，无孔洞，将EVA胶膜剪成尺寸约3mm×3mm的小颗粒。

测试过程为：

(1) 将不锈钢丝网袋洗净、烘干,称重为 W_1(精确至 0.001g);

(2) 取试样 (0.5±0.01) g,放入不锈钢丝网袋中,做成试样包,称重为 W_2(精确至 0.001g);

(3) 将试样包用细铁丝封口后,作好标记,从大口烧瓶的侧口插入并用橡胶塞封住瓶口,烧瓶内加入二甲苯溶剂至烧瓶 1/2 容积处,使试样包完全浸没在溶剂中。加热至 140℃左右,溶剂沸腾回流 5 小时。回流速度保持 20~40 滴/分钟;

(4) 回流结束后,取出试样包,悬挂除去溶剂液滴。然后将试样包放入真空烘箱内,温度控制在 140℃,干燥 3 小时,完全除去溶剂;

(5) 将试样包从烘箱内取出,除去铁丝,放入干燥器中冷却 20 分钟后取出,称重为 W_3(精确至 0.001g)。

(6) 进行测试结果计算,交联度为

$$\eta = 100\% \times (W_3 - W_1)/(W_2 - W_1)$$

式中　η——交联度,%;

　　　W_1——不锈钢丝网空袋重量,g;

　　　W_2——试样包总重量,g;

　　　W_3——经溶剂萃取和干燥后的试样包重量,g。

2. 差示扫描量热法

差示扫描热量法(Differential Scanning Calorimetry,DSC)是一种热分析法。所需仪器设备为差示扫描量热仪,见图 3-5,通过测量加热过程中试样和参比物之间的热流量差,达到 DSC 分析的目的。测试时将样品置于一定的气氛下,改变其温度或者保持某一温度,测量样品与参比物之间的热流量变化。当样品发生熔融、蒸发、结晶、相变等物理变化,或者有化学变化时,图谱中会出现吸热或放热的热量变化信息,进而推测样品的特性。DSC 可用于精确测量相变(T_g,T_m,T_c)、热变化、固化反应及其他化学变化。当材料发生结晶或者交联时,材料内部的紊乱程度降低,自由能也下降到较稳定的状态,因此当材料发生交联或者结晶时,必然伴随着放热反应。

图 3-5　差示扫描量热仪

图 3-6 所示为未交联及交联的 EVA 样品的 DSC 热流图谱。

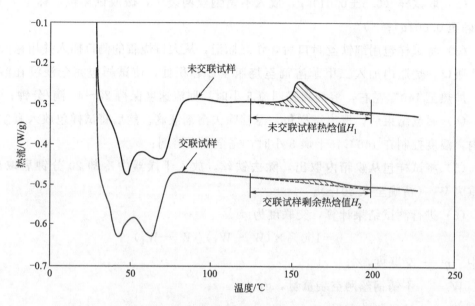

图 3-6 未交联及交联的 EVA 样品的 DSC 热流图谱

试样制备要点：层压好的待测样品（熟料）尺寸要大于 10mm×10mm，注意样品需饱满，无孔洞；未层压的原材料（生料）样品尺寸要求为 100mm×100mm。测试过程如下：

（1）取出一空标准盘及上盖，将盘及上盖一起放入电子天平中称重，并记录整体重量；

（2）将熟料样品剪去背板及部分 EVA，仅保留靠近玻璃处约 2mm 宽的 EVA 熟料样品；

（3）将 EVA 生料及熟料分别剪成 2mm×2mm 大小的样品，放入天平中称重，要求样品重量为 7g±0.5mg，并记录样品重量；

（4）将样品放入盘中，样品尽可能接触盘底部，然后用压片机将上盖压合严实；

（5）将压好的样品依次放入设备自动进样器中，并依次输入对应的盘重量、样品重量；

（6）设置测试条件：确认参考盘位置正确，测试温度范围为 80~230℃，升温速度 10℃/分钟。设置完成后，点击下方的"Apply"，保存设置，然后点击"开始测量"；

（7）数据分析：右下方状态变更为 Complete，DSC 的炉子会自动降温至设置温度，通过自动进样器将测试盘取出；找到曲线上 150℃ 左右波峰位置，点击"Integrate Peak linear"，选择波峰两侧与直线相切处两点为范围界限；

(8) 记录生、熟样品的热焓值 H_1、H_2。

进行测试结果计算，交联度为

$$\eta = 100\% \times (H_1 - H_2)/H_1$$

式中　η——交联度，%；

　　　H_1——未交联 EVA 固化焓值；

　　　H_2——交联后 EVA 固化焓值。

3.4.2　POE 胶膜

POE（Polyolefin elastomer）胶膜是一种在茂金属催化体系作用下由乙烯和 1-己烯或 1-辛稀聚合而成的茂金属聚乙烯弹性体。最早光伏用的 POE 是非交联的，但由于组件在户外（尤其是在高温高辐照地区）运行时温度较高，POE 会软化，对于早期自重较大、又无边框的双玻组件，会产生热剪切现象，发生滑移，从而影响组件外观和可靠性。针对该问题，POE 制造商已将其优化改性成交联型的 POE，有效解决了上述问题。

相对于 EVA 在长期使用过程中会有醋酸气体释放，POE 的分子结构更加稳定，几乎没有气体释放，并且 POE 具有更高的体积电阻率和更好的热稳定性、耐紫外老化性。POE 最大的优点是其水气透过率仅为 EVA 和硅胶的 1/8 左右，能够有效阻隔水气，更好地保护太阳电池，抑制组件的功率衰减，其高体电阻率和低透水率是提高组件抗 PID 性能的重要特性之一。当然 POE 也有缺点，其玻璃粘接能力不如 EVA，容易引起界面失效，而且层压时间长，工艺窗口窄，层压过程容易引起气泡，造成外观不良，而且其原材料基本依靠进口，因此价格比较贵。目前国内外公司都在加紧研发和应用 POE，如果能够降低成本，相信会有很好的发展前景。

3.4.3　PVB 胶膜

PVB（Polyvinyl butyral）即聚乙烯醇缩丁醛，PVB 胶膜是半透明的薄膜，由聚乙烯醇缩丁醛树脂经增塑剂塑化后挤压成型而成，一般用于玻璃夹胶行业。

跟 EVA 相比，PVB 的粘接性能好，机械强度高，抗冲击性能也较好，比较适合于建筑用光伏组件；但 PVB 吸水率高，体积电阻率低，透光率也低，而且层压工艺较难控制。现在经过改良的 PVB 虽然也提高了体积电阻率和透光率，但是采用 PVB 进行封装，通常要使用高压釜，相比使用层压机的生产工艺，组件成品率偏低。由于工艺复杂且材料成本高，PVB 封装的光伏组件在市场上并未得到大规模使用，目前只有以中节能为代表的少量公司在使用，中节能对 PVB 和生产设备都进行了很多创新且有效的改造，目前在独树一帜地进行批量生产和应用。

3.4.4　环氧树脂

环氧树脂是分子结构中含有环氧基团的高分子化合物，是比较常见的粘合剂，产品形式多种多样，有做成单组分的，也有双组分的，可以做成液体，也可以做成粉末状。如太阳电池用的环氧树脂粘合剂就是双组分液体，使用时现配现用。环氧树脂类材料的最大优势在于配方可以千变万化，可通过改变固化剂、促进剂，使其具备各种不同的性能，以满足各种使用需求。

采用环氧树脂封装太阳电池组件，工艺简单，材料成本低廉，但由于环氧树脂抗热氧老化、紫外老化的性能相对较差，仅有一些小型组件，如输出功率在 2W 以下的组件仍使用环氧树脂进行封装，早期的草坪灯使用的就是环氧树脂封装的光伏组件（图 3-7），采用这种封装方式的组件能够在户外连续使用 2 年左右。随着太阳能应用产品的细分，根据应用场合及相关寿命要求，采用环氧树脂封装的太阳能产品也会有一定市场份额。

图 3-7　采用环氧树脂封装的小功率组件

3.4.5　液态有机硅胶

有机硅胶是一种采用有机硅聚合物制成的新型封装材料，主链中含有无机 Si-O 键，其侧基则通过硅与有机基团 R（甲基、乙氧基、苯基等）相连。聚合物链上既含有无机结构，又含有有机基团，这种特殊的组成和独特的分子结构使其集无机物的功能与有机物的特性于一身，从而体现出有机硅聚合物所特有的性能。

这种封装材料具有很好的透光率，能够有效提高组件的转换效率，还具有高憎水性、高化学稳定性以及极低的吸水性，可以保证组件具有可靠的密封与绝缘性能；除此之外，有机硅胶对各种基材也具有优异的黏结性。由于这种封装材料是液体的，常见的是双组分液态或膏状有机硅，因此其封装方式与传统层压方式完全不同，需要增加硅胶混合设备、点胶设备等，虽然前期设备投入较大，但后期生产过程中，可以缩短生产时间，减少能耗，降低成本。

液态有机硅胶并未得到大规模应用，因为其封装工艺与现行设备兼容性不好，且存在良品率低、材料本身内聚破坏力低等问题。目前行业里有比亚迪等企业一直在坚持研发有机硅胶组件，其质保年限据称可达 50 年。

3.5 背板材料

光伏组件背面的外层材料称为背板，是光伏组件的关键部件，它将组件内部与外界环境隔离，实现电绝缘，使组件能够在户外长时间运行。组件的可靠性、使用寿命也与背板质量密切相关。背板材料如果失效，则组件内部的封装材料会直接裸露在严苛的户外环境中，引发封装材料水解、电池和焊带腐蚀以及脱层等，迅速降低组件功率输出和使用寿命，严重的还会导致组件绝缘失效，继而引发火灾和伤亡事故。因此，优良的背板材料应该具有良好的机械稳定性、绝缘性、阻隔水气性、粘接性、散热性、耐环境老化性（紫外线、高温、湿热和化学品等），并附加一定的光线反射功能，以增强发电效率。通常可根据组件的不同需求及应用场合选取适当的背板。

不同结构的背板有不同的功能，可以根据不同的使用区域选择合适的背板。使用含氟背板的组件可用于紫外线强烈的地区；使用耐水解 PET 的组件可用于高温高湿地区；传统的白色背板能够增强光线反射，从而提高组件发电效率；黑色背板可以满足屋顶等建筑的美学要求；而采用玻璃背板可以做成透光的组件，适用于建筑采光、农业大棚。黑色和透明背板是没有光线反射功能的，与白色背板的组件相比，输出功率会降低 2%～3%。

目前市场对背板提出的要求极高，因为组件的安装地址是未知的，所以在生产时会要求背板具备能够满足所有使用环境要求的功能，从而导致了高成本。然而现实的情况是光伏组件在长达几十年的应用过程中，其运行环境是相对单一的，并不需要采用能够满足所有气候条件的材料。最好的解决方法是开发和选择差异化的背板，满足不同的气候条件，这样可以在一定程度上降低成本，选择性价比更好的材料和产品。

3.5.1 结构和功能

如前所述，光伏组件对背板的要求很高，目前仅靠一种单一聚合物材料不能满足所有项目要求，一般聚合物背板都是由多层具有不同功能的材料复合而成。典型的三层背板结构如图 3-8 所示。

背板三层结构通常分为外层、中间层和内层，这三层的功能有所不同。背板外层一般采用耐候的氟层或者改性的耐候 PET，其直接暴露在外界环境中，不仅需要具备良好的耐候性（Weatherability）和耐久性（Durability），即在湿、热、紫

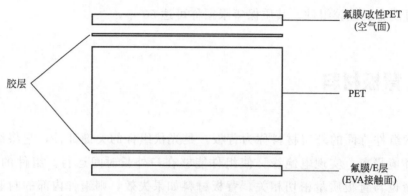

图 3-8 典型的三层背板结构

外、冷热循环和风吹雨打的条件下保持良好的机械稳定性、外观完好性，并与接线盒以及边缘密封胶可靠粘接，而且还要能够耐受组件层压过程中高达 150℃ 的高温，此外在安装和搬运过程中还要耐机械刮擦。背板中间层则主要提供机械性能、电绝缘性能和阻隔性能保证，中间层一般常用的是 PET 聚酯材料，这种材料耐受紫外光和湿热老化能力较差，因此改性的高阻隔耐水解 PET 越来越多。背板内层主要保证背板与组件封装材料的可靠粘接，同时因为太阳光透过玻璃会照到这一层，因此内层也需要具备一定的耐候、耐 UV 能力。此外如果内层有较高的反射率，还能提高组件的输出功率。

聚合物背板按照材料划分，可以分为含氟背板（如 TPT 背板、KPA 背板等）和不含氟背板（如 PET 背板、聚酰胺背板等）。2006 年以前市场普遍使用双层含氟背板，后来随着太阳能行业的迅速发展，成本竞争越来越激烈，市场上开始出现采用非氟材料的背板，比如以改性耐水解聚酯为外层的 PET 背板和以聚酰胺（俗称尼龙）为外层的背板。

聚合物背板按照其生产工艺可以分为复合型背板、涂覆型背板、共挤型背板。复合型背板的三层材料一般单独成膜，然后通过胶水将三层复合，如 KPK 型背板；涂覆型背板一般将中间 PET 的上下两面使用涂层进行涂覆，采用的涂层多为含氟涂层，如 CPC 型背板；共挤型背板通过将数层聚合物（典型为三层）材料同时从挤出机的模头挤出成型制成，一般要求这几层材料的加工性能相近，如 AAA 背板，但是这种背板在实际应用中发生了较严重的开裂问题，因此目前已经停用。

常见的光伏背板（涂覆型）的生产工艺流程见图 3-9。

3.5.2 技术要求

背板的检验指标重点需要关注几个项目，见表 3-6。

第一面：

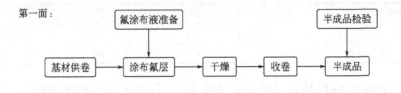

第二面：

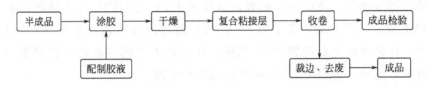

图 3-9 常见的光伏背板（涂覆型）的生产工艺流程

表 3-6 背板的重要检验指标

序号	项目	要求	测试目的
1	层间剥离强度/(N/cm)	≥4	防止层间脱层失效
2	涂层划格试验	无脱落	防止涂层脱落,中间PET被破坏
3	与EVA剥离强度/(N/cm)	≥40	防止可靠性后脱层
4	反射率(400~1100nm)/%	≥80	提高组件功率
5	水蒸气透过率/(g/m²·d) (40℃,RH90%)	≤2.5	阻隔水气进入组件,保护电池
6	局部放电测试 VDC	≥1000	达到组件系统电压,保证安全性能
7	体积电阻率/Ω·cm	>10^{15}	保证绝缘性能

3.5.3 各类背板材料介绍

3.5.3.1 氟材料

为了使聚合物背板的外层具有良好的耐候性，常选用氟材料作为背板材料，氟材料具有独特的分子结构，其耐候性、耐热性、耐高低温性和耐化学药品性等均十分优越。氟元素的电负性大，范德华半径小，C-F键能高达439.2kJ/mol，是高分子材料共价键中键能最大的。太阳光中的紫外光波长短，穿透力较强，对材料的破坏性较大，290nm以下的紫外线几乎都被大气层中的臭氧层吸收，能到达地表的紫外波长一般在290~400nm。从表3-7可看出，除了C-F键，其他分子键很容易被紫外线破坏，因此，氟材料是聚合物背板外层材料的最佳选择。常用的氟材料有聚氟乙烯（PVF），聚偏氟乙烯（PVDF）、四氟乙烯-六氟丙烯-偏氟乙烯共聚物（THV）等，行业内使用PVDF和PVF较多。

表 3-7 常见的分子键能

分子键	C-F	C-O	C-C	C-H
键能/(kJ/mol)	439.2	350	346	411.7
破坏分子键所需的波长/nm	272	340	342	290

聚氟乙烯（PVF）由杜邦公司研发，并命名为 Tedlar。PVF 常用的有一代产品和二代产品。PVF 在光伏组件背板中的应用迄今至少有 25 年的历史，因为被杜邦垄断，独家供货，所以成本较高，近年来 PVF 在光伏行业市场的占有率逐渐走低。PVF 加工工艺比较复杂，在制造 PVF 薄膜时将含潜溶剂的 PVF 挤出到不锈钢板上，挥发掉溶剂后得到 PVF 薄膜，其制造工艺的特殊性导致薄膜表面会有较多的针孔状缺陷，所以 PVF 的水气阻隔能力不高。

聚偏氟乙烯（PVDF）不易单独成膜，需要加入增塑剂来改善其成膜性。由于增塑剂的加入，其耐老化性能可能会有所下降。法国阿克玛公司为保证这种材料的耐老化性能不降低，创新研发出三层 PVDF 膜结构，其内外两层为纯 PVDF，中间一层为增塑层 PVDF。与 PVF 相比，同样厚度的 PVDF 薄膜的水气透过率大约是 PVF 的十分之一。由于 PVDF 的性价比高，加工适应性强，货源充足，目前在市场上的占有率较高。

因为氟材料具有较大的电负性，其含氟量越高，材料的表面能越低，黏结性能越差，因此一般都需要进行特殊的表面处理才能与其他材料形成良好的黏结；此外氟材料价格也比较高。目前有多家公司在研究采用具备较强耐候性的不含氟材料作为外层材料。

3.5.3.2 PET

PET 即聚对苯二甲酸乙二醇酯，PET 主要用于制作背板的中间层，为整个背板提供骨架支撑。PET 也可通过改性提高其耐候性，用于制作背板的最外层。

PET 具有良好的阻隔性、耐热耐寒性、绝缘性、尺寸稳定性。因为其采用双向拉伸的制造工艺，因此机械性能优异。虽然 PET 的阻隔性能较好，但是由于其分子主链中含有大量的酯基，容易发生水解反应，会导致力学性能急剧下降，因此，很多厂家通过对其改性处理，大幅提高其耐水解性能，但这会增加生产成本，所以通常在选择耐水解 PET 时会略微降低对 PET 厚度的要求，以实现合适的性价比和差异化应用。

3.5.4 新型背板及应用

随着上游技术的进步和下游使用场合的多样化发展，各种光伏组件新技术相继出现，光伏组件背板也有了更多的类型。

3.5.4.1 玻璃背板

玻璃是无机材料，不会老化，不透水。采用玻璃做组件背板，能够提高组件的密封性、绝缘性、抗 PID 性以及抗黑线、防隐裂性能，从而大大增强组件的可靠性，为高温高湿和盐雾酸碱地区的光伏组件的背板选择提供了良好的解决方案。一般背板玻璃不需要采用超白压花玻璃，使用普通浮法玻璃即可，双面电池组件宜采用超白压花玻璃。

业内有人认为，采用玻璃做组件背板，组件内部高分子降解产生的醋酸等小分子气体不易释放出去，会对双玻组件的可靠性产生负面影响。对此，天合光能公司经过大量研究，得出以下结论：高分子材料如 EVA 等在户外自然条件下老化的主要诱因是水气、热、氧气和紫外辐射，在老化过程中伴有光氧老化、光热老化、水解作用三个互相作用的过程，其中水气起了很大程度的催化剂作用，而双玻组件由于采用玻璃背板，因此能有效阻隔水气渗入组件内部，从而大幅度缓解 EVA 材料的老化，使得老化过程几乎不会释放醋酸，也就不会产生小分子气体，所以双玻组件具有非常高的可靠性。

3.5.4.2 导电背板

导电背板（见图 3-10）集密封防护功能和电子互连功能于一身，它的制造借鉴了印刷线路板（PCB）技术，采用复合方式将常规光伏组件背板和刻有特定图形的金属箔电路粘接在一起。该类背板主要用于 MWT 和 EWT 组件。

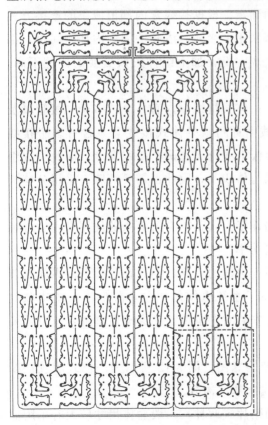
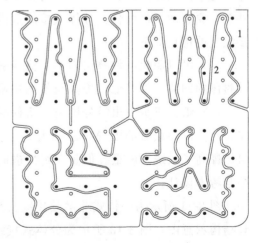

图 3-10 导电背板示意图（左）和局部连接放大图（右）

早期的导电背板一般由PCB厂家采用传统光刻方法制备金属电路,成本非常高,故未实现产业化。最近几年有光伏公司开始用机械或者激光加工的方法制备金属电路,而且可以用低成本的铝箔替代传统的电解铜箔作为金属电路层,大幅度降低了生产成本,新型导电背板开始进入大规模化生产。

3.6 接线盒

3.6.1 功能和分类

接线盒的主要作用是通过接线盒的正负电缆将组件内部太阳电池电路与外部线路连接,将电能输送出去。接线盒通过硅胶与组件的背板粘在一起。接线盒内配备有旁路二极管以保护电池串。接线盒的设计要求非常高,涉及电气设计、机械设计与材料科学等多个领域的技术。

接线盒主要由三大部分组成:接线盒盒体、电缆和连接端子。接线盒盒体一般由以下几部分构成:底座、导电部件、二极管、密封圈、密封硅胶、盒盖等。

目前市场上接线盒种类繁多,从是否灌胶看,有灌胶式和非灌胶式,是否灌胶一般根据接线盒的体积和安全性能要求而确定。根据接线盒内部汇流条的连接方式又可分卡接式和焊接式,一般非灌胶的都采用卡接式,灌胶的因为内部空间小,都需要采用焊接式。灌胶式接线盒体积小、成本低,加上组件失效更换的比例不高,因此逐渐成为市场上的主流。

还有一体式接线盒和分体式接线盒。一体式接线盒内有一个或多个二极管以及正负极电缆,一般一块组件只用一个接线盒即可。分体式接线盒包含有多个接线盒,每个接线盒里面有一个二极管,正负极电缆分布在两个接线盒上,因此一块组件至少要有两个接线盒。分体式接线盒因为体积小,因此都需要灌胶。采用分体式接线盒的优点如下:

(1)可以简化组件叠层内部汇流条的连接方式,减少汇流条的使用量,使得组件整体的回路电阻降低,提高组件的输出功率;

(2)组件正负引出线分别位于组件靠近边框的一侧,因此在进行组件纵向安装连接时只需要很短的电缆,从而大大减少了系统电缆的用量,降低了系统串联电阻,提高了系统发电量。但是在组件横向安装时,电缆长度会有所增加,所以需要综合考虑设计。

图3-11所示为一体式非灌胶接线盒结构意图;图3-12所示为一体式灌胶接线盒结构示意图;图3-13所示为分体式接线盒基本构造。

接线盒内部的旁路二极管有插脚式和贴片式两种,一般盒体尺寸较大时采用插脚式二极管,例如非灌胶接线盒;盒体较小时采用贴片式二极管,例如灌胶接线

第3章 光伏组件封装材料及配件

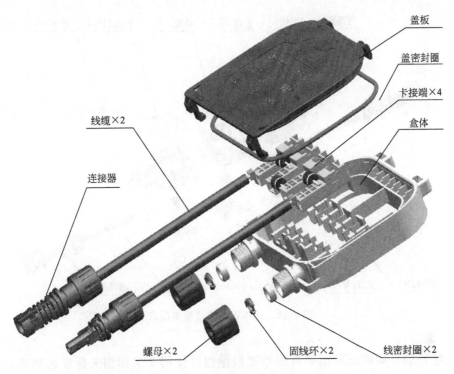

图 3-11 一体式非灌胶接线盒结构示意图

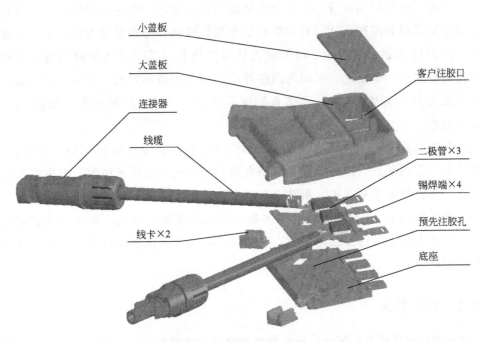

图 3-12 一体式灌胶接线盒结构示意图

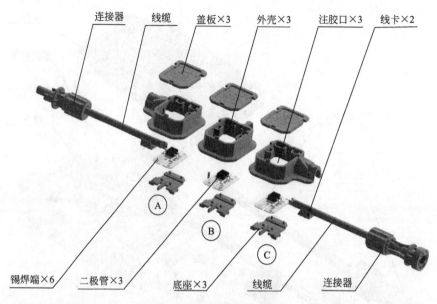

图 3-13 分体式接线盒基本构造

盒。二极管的反向耐压和耐热性能等要根据组件使用要求和相关标准选择确定。旁路二极管的工作原理是：将二极管与若干片电池并联，在组件运行过程中，当组件中的某片或者几片电池片受到乌云、树枝、鸟粪等遮挡物遮挡而发生热斑时，接线盒中的旁路二极管利用自身的单向导电性能给出现故障的电池组串提供一个旁路通道，电流从二极管流过，从而有效维护整个组件性能，得到最大发电功率，工作原理图如图 3-14 所示。常用的二极管是肖特基二极管，其优点是压降较低，可以减少二极管带来的功率损耗。最理想的组件应是每片电池都并联一个旁路二极管，但是出于工艺和成本因素考虑，目前在实际应用中，一个二极管一般需保护 10~24 片太阳电池。

早期接线盒主要以进口的 MC、Tyco 为主，价格昂贵，2002 年后，浙江人和、苏州快可、常州莱尼、扬州通灵、常州九鼎公司不断突破技术瓶颈，实现了接线盒国产化，并且技术不断进步。浙江人和早期生产的 PV-RH 系列产品在顶峰时期销量占全球总额的 1/3。早期接线盒大多是一体式非灌胶卡接式，现在一体式灌胶接线盒因为成本较低而逐步成为主流，而分体式接线盒在很多组件设计上也得到了较多的应用。

3.6.2 技术要求

接线盒直接暴露在空气中，会长期经受风吹雨淋日晒，而且体积小，内部装配件多，这对其耐候性、密封性以及安全性都提出了很大的考验。光伏系统运行过程中，接线盒出现问题也是比较常见的，据不完全统计，接线盒故障在光伏电站的故障失效中所

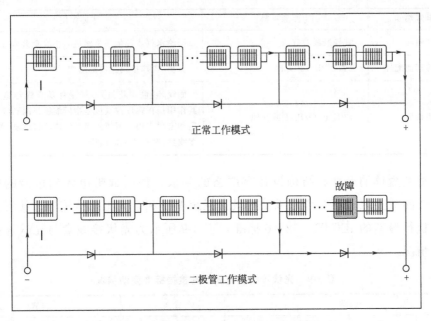

图 3-14 组件中旁路二极管工作原理图

占比例是最高的,因此在设计和选择接线盒时候,要考虑以下几个主要方面:

(1) 外壳有较强的抗老化、耐紫外线能力;
(2) 良好的散热性能,以降低接线盒内部温度和组件接线盒位置的温度;
(3) 优良的密封性能,低的连接电阻,以减小接线盒带来的功率损耗;
(4) 二极管的电流匹配能力;
(5) 合理的电气安全设计,如爬电距离等,以满足电气安全要求性能;
(6) 优良的阻燃能力。

一个简单的接线盒所需要的材料就达十多种,选用材料是否合理直接影响接线盒本身的质量,所以接线盒的材料一直受到行业的重视,表 3-8 简单列举了接线盒主要部件原材料及作用。

表 3-8 接线盒主要部件原材料及作用

主要零部件	主要原材料	主要作用
底座及上盖	PPE/PPO	保护、支撑接线盒主体,固定
导电部件	铜基材	电流传输载体
旁路二极管	肖特基二极管、整流二极管或其他合适的二极管	当电池受遮挡出现热斑效应或电池损坏不能发电时,旁路该不良电池所在的电池串,保证其他电池串能够正常工作
电缆线	镀锡铜线+低烟无卤交联聚烯烃	电流传输载体
光伏连接器	PC/PPE/PA/PBT	组件及系统之间的电气连接

续表

主要零部件	主要原材料	主要作用
密封圈	硅橡胶或者硅胶	隔绝水气或其他污染物进入接线盒盒体
螺母等其他配件	PA/PPE/PPO/PC	保护、支撑接线盒内部结构
固线环	PPE/PPO/PBT 或其他	固线环（也叫花篮）一般是伴随着螺母进行使用。其作用是在螺母拧紧过程中压缩密封圈和线缆,起固定和密封作用。不使用螺母结构的接线盒,如灌胶型接线盒,则一般无此结构

接线盒盒体的尺寸和结构设计有严格的要求,如内部带电体到边沿的爬电距离、电气间隙要求,还要考虑承受的最大系统电压和最大工作电流等。接线盒设计目前应执行最新的 IEC/EN 62790 标准,表 3-9 所示为光伏接线盒与光伏连接器标准变动情况。

表 3-9　光伏接线盒与光伏连接器标准变动情况

标准		日期	内容
光伏接线盒	EN 50548:2011	2016-04-15	失效
	EN 50548:2011 ＋A1:2012	2015-10-13 2017-10-13	不可再用作申请发证标准 失效
	EN 50548:2011 ＋A2:2014	2015-10-13 2017-12-11	强制使用该标准或 IEC/EN 62790 将被 IEC/EN 62790 替代
	IEC/3N 62790	2017-12-11	强制使用该标准
光伏连接器	EN 50521:2008	2015-06-25	失效
	EN 50521:2008 ＋A1:2012	2015-06-25 2017-12-11	强制使用该标准或 IEC/EN 62852 将被 IEC/EN 62852 替代
	IEC/EN 62852	2017-12-11	强制使用该标准

对于光伏电缆,目前行业沿用的是德国 2pfg1162 标准,由于一直以来没有针对光伏线缆的标准,所以 TÜV 认证将 2pfg1162 作为光伏电缆测试标准,直到 2017 年 10 月 27 日,改为采用 EN 50618 作为光伏电缆的标准。

除了接线盒外观、尺寸需要符合产品设计要求外,对接线盒中的二极管产品也有技术指标要求,见表 3-10。

表 3-10　二极管产品技术指标

序号	项目	技术指标	检验目的
1	材料	符合设计要求和技术标准	可以请供应商每批都提供报告,保证每批材料都满足不同部件的设计要求
2	汇流条弹簧片夹紧力（针对卡接式）	>30N	保证接触可靠性,降低接触电阻,防止使用过程中产生电弧等

续表

序号	项目	技术指标	检验目的
3	二极管管脚夹紧力（针对卡接式）	≥20N	保证接触可靠性，降低接触电阻等
4	引出线与壳体连接强度	≥180N	防止被操作工人拉扯电缆拎起组件而产生问题，所以最好连接强度大于组件自重
5	正负端子插拔力	≥60N	保证接触可靠性，降低接触电阻，防止使用中轻易被拔出而产生触电风险，一般要求正负端子需要采用专用工具才能打开
6	串联电阻	≤15mΩ	测试接线盒整个回路包括电缆电阻及内部金属接触电阻等，减少功率损耗
7	滑座耐热性能	滑座无破损、变形、开裂、弯曲、变色、变脆、老化等	一般施加所使用组件型号的1.25倍短路电流30分钟。主要考核户外使用过程中，当二极管因为热斑发生而工作时塑料滑座的耐热性能
8	二极管反向耐电压	根据规格书要求，保证在反向耐压测试过程中无报警现象出现	保证在组件使用过程，二极管承受足够的电压不被击穿
9	二极管结温测试	灌胶类＜150℃ 非灌胶类＜200℃	一般在(75±5)℃烘箱中，施加I_{sc}，直到接线盒温度稳定，通过一定计算得出二极管的温度，其温度值不能超过要求，然后再施加1.25I_{sc}，直至温度稳定，二极管还能正常工作
10	防护等级	一般非灌胶IP65，灌胶IP67	保证组件在使用过程中的密封性能

表中所列的技术指标一般都要作为接线盒的常规测试项目，每批材料到货都需要进行测试。要评估和测试一个新型接线盒，最简单的方法是看该产品是否通过认证，并同时进行其他可靠性测试，如基于 IEC 61215 标准的热循环、高温高湿、湿冻测试（一般还需要做成组件进行可靠性测试）。组件的湿漏电性能也是评估接线盒的重要指标之一。另外还有耐紫外线性能测试，一般要求在接受紫外线照射累计 90kW·h/m² 后接线盒无破损、开裂、弯曲、变色、变脆、老化等现象。

接线盒不同于其他封装材料，首先要取得接线盒盒体、电缆和连接端子的 TÜV/UL 全套认证后才能够在市场上使用。TÜV 证书可以在线查询 www.tuv.com；根据 UL 黄卡号可以通过以下网址在线查询 UL 证书：http://database.ul.com/cgi-bin/XYV/template/LISEXT/1FRAME/index.htm。各组件厂家根据不同情况进行上面所述相关测试，测试合格之后才能投入使用。

3.6.3 新型接线盒

目前传统接线盒的主要功能是输出电流电压和进行组件热斑保护。高额定电流、高防水性、优良的散热性、低体电阻等一直是传统接线盒的改进目标。随着光伏产品应用的不断扩大和深入，行业衍生出一些新的需求，对接线盒提出了智能化的要求，于是出现了智能接线盒（SmartBox），通过智能接线盒可以对组件进行远程监控和功率优化。目前智能接线盒主要分为带开关功能的监控型（Switch-off 型）、直流-直流优化型（DC-DC 型），直流-交流优化型（DC-AC 型）三大类。具体介绍可以参考第 8 章的智能型光伏组件。

3.7 密封材料

光伏组件的密封材料主要指膏状的室温硫化型硅橡胶（RTV）等硅类密封剂。硅橡胶具有优异的耐热性、耐寒性、耐紫外光和耐大气老化性能，能在低至－60℃，高至＋250℃的条件下长期使用。经过一定配方调整的硅橡胶固化后，能在日晒、雨雪等恶劣环境中保持 25 年不龟裂、不变脆并保持较高的强度，因此硅橡胶是用作光伏组件密封粘接的最佳材料。

按照产品包装形式，硅橡胶可分为单组分和双组分两大类。单组分液体硅橡胶是将聚硅氧烷、交联剂、填料、催化剂及其他添加剂在隔绝湿气的条件下均匀混合后包装而成，使用时将其从包装中挤出，挤出的硅橡胶接触空气中的湿气后交联固化，起到密封作用。单组分硅橡胶具有使用方便、设备投入成本相对较低等优点，是目前光伏组件边框和接线盒粘接普遍采用的密封剂。双组分硅橡胶是将基料和硫化剂分别包装，使用时按比例混合的一类有机硅密封剂。与单组分硅橡胶相比，双组分硅橡胶对固化环境温湿度要求相对较低，固化速度快，可大幅缩短搬运和装箱时间。但双组分硅橡胶产品成本相对较高，使用时需要配备双组分施胶设备，设备投入相对较高，而且对施胶配比控制要求高，因此一般只在施胶量体积比较大，对固化时间有要求的情况下采用。一般接线盒灌封胶、薄膜/双玻组件背面支架粘接剂大多采用双组分硅橡胶。

在光伏组件上常采用硅橡胶作为边框粘接密封胶、接线盒粘接密封胶、接线盒灌封密封胶、薄膜/双玻组件背梁粘接结构胶等。边框和接线盒用密封胶主要考量粘接和密封性能，一般可以采用相同的硅橡胶；接线盒灌封胶不但要能密封粘接，还要满足电绝缘性能要求；而背梁胶主要为粘接用，要求具有非常强的粘接性能，一般采用有机硅建筑密封胶（俗称硅酮胶）。这里按照密封硅橡胶、灌封硅橡胶、硅酮胶三大类分别进行介绍。

3.7.1 密封硅橡胶

光伏组件的铝边框和玻璃均是硬度较高的材料，两者如果直接接触组装，容易使玻璃受损，因此需要在两者之间添加缓冲层；另外，光伏组件在户外长年受到光照、温度变化、刮风、下雨、积雪、覆冰、盐雾、湿气等影响，必须使组件边框与层压件粘接牢固、密封严实，才能保证光伏组件长期可靠工作。密封硅橡胶作为连接边框与层压件的关键材料，能够充分填充层压件与铝边框之间的间隙，固化后可以形成连续密封的高强度弹性胶层，不但能很好地达到缓冲、粘接和密封的要求，而且还能大大提高光伏组件的承载能力和抵抗变形能力。

光伏组件在完成装框封装后，可采用硅橡胶将接线盒粘接在背板上，为保证接线盒与组件的可靠连接，要求硅橡胶性能达到以下要求：

（1）具有一定的触变性，不流淌，不易造成污染；

（2）黏度适中，使用方便，既可以手动施胶，也可以与设备配合自动点胶；

（3）固化速度适中，具有合理的操作时间和较少的清胶时间，满足生产节拍的要求；

（4）优良的粘接匹配性和粘接强度，对铝型材、玻璃、光伏背板、接线盒有良好的粘接匹配性；

（5）优异的抗机械载荷性能和良好的热变形补偿能力；

（6）优良的电绝缘性能和阻燃性能；

（7）长期可靠的耐环境老化性能，耐紫外照射、耐雨水脏污、耐冰雹冲击，能够抵抗环境温度变化造成的热胀冷缩。

应用于光伏组件边框密封以及接线盒粘接的单组分硅橡胶主要有脱酮肟型和脱醇型两种。脱酮肟型硅胶密封剂有天山1527、道康宁PV-8101等，脱醇型硅橡胶密封剂有道康宁7091、天山1581等。其中天山1527以其优异的性能和稳定的质量被国内组件厂商普遍应用，其市场占有率一度超过50%。在使用时要注意，有的脱醇型硅胶在室外会与某些EVA产生反应，导致组件边沿的EVA发生黄变现象，这主要是因为密封胶使用了活性较高的固化促进剂，它会和EVA中的UV吸收剂反应产生带颜色的螯合物。

近几年，为了满足日益提高的生产节拍要求，缩短搬运和装箱时间，光伏企业也开始采用一些双组分硅橡胶、双面胶带等进行光伏组件边框密封及接线盒粘接。对于双面胶带，目前市场使用的大多为聚乙烯发泡胶带，这种胶带由发泡聚乙烯和丙烯酸酯压敏胶涂层组成，粘接作用通过压敏胶涂层来实现，而发泡基材可使胶带具有一定的可压缩性。

相对于硅胶密封，发泡胶带密封的方式不需要后固化，安装后即可移动和码放，既节省空间，又能极大地提高生产效率，但发泡胶带耐高温性较差，抗剪切强度偏低，内聚破坏力远低于硅胶。因此同样的组件设计，采用胶带的组件，其抗载荷能力要比采用硅橡胶的组件低很多，所以在选择的时候需要重点关注。目前聚乙烯发泡胶带主要有罗曼、德莎、圣戈班等国外大公司生产和提供，成本也略高。目前从整个市场来看，单组分硅橡胶仍占主流地位，达到85%以上。

3.7.2 灌封硅橡胶

用于接线盒灌封的硅橡胶通常是双组分有机硅橡胶,接线盒灌封胶主要起到密封、绝缘、散热的作用。接线盒灌封后,内部的氧气可以被胶置换掉,从而可以降低接线盒内部金属端子氧化和腐蚀的几率,同时防止水气接触到带电体,避免组件短路,提高接线盒防护性;此外,太阳电池组件接线盒内部都装有旁路二极管,当组件的部分电池被遮挡时,电流从旁路二极管通过,导致二极管温度大幅上升,相对非灌胶,灌封胶能进行快速散热,不仅能有效避免接线盒过热引发火灾,还能延长二极管使用寿命。

对接线盒灌封胶的具体性能要求如下:

(1) 良好的流动性。由于接线盒内部包括二极管等电子元器件,结构复杂,为了能够填满接线盒内部所有的空隙,要求接线盒灌封胶具有良好的流动性;

(2) 可操作时间及凝胶时间满足不同生产工艺要求。根据生产工艺要求,通常要求灌封胶具有较长的可操作时间,以保证接线盒被完全填充;同时,灌封后具有较短的凝胶时间,使灌封胶能够固化到一定的程度,翻转不会流淌或掉下,满足组件搬运的要求,并要求在隔绝空气的条件下,灌封胶在接线盒内仍能够继续固化;

(3) 优异的绝缘性。灌封胶接触二极管、铜片等电子元器件,需要具有优异的绝缘性能;

(4) 高导热性。接线盒内的旁路二极管工作时会产生大量的热,如果这些热量不能及时散发出去,旁路二极管有烧毁的风险;

(5) 高阻燃性;

(6) 优异的耐老化性能。

3.7.3 硅酮胶

随着光伏发电市场需求的不断增加,开发能便捷安装的光伏组件产品成为行业各公司追求的目标之一,其中通过背梁安装能有效提高光伏组件安装效率。背梁和组件粘接一般采用硅酮胶,它不仅能满足长期的耐老化性能,而且还具有优异的粘接性能。因为组件在户外会受到光照、温度变化、刮风、下雨、积雪、覆冰、盐雾、湿气等外界因素影响,所以硅酮胶对组件、系统的强度和安全有着非常重要的作用。

硅酮胶根据使用时的固化方式可分为单组分和双组分密封胶。硅酮胶在建筑领域有 40 年的使用历史,采用硅酮胶的幕墙玻璃有 20 年的使用寿命。在充分了解硅酮胶的可靠性及失效机理的前提下,通过严格控制胶的质量以及施工环境,将硅酮胶应用于光伏领域是完全可以满足可靠性要求的。评估背梁支架粘接用硅酮胶的方法是以初始机械应力为参考,将高低温老化后的性能、疲劳试验后的性能以及盐雾、酸雾、浸清洗剂溶液、紫外辐照老化后的性能进行比较,要求老化后力学性能衰减率低于25%，脱粘面积不高于10%。

背梁支架粘接用硅酮胶的具体性能要求如下：

（1）具有一定的触变性，不流淌，不易造成污染；

（2）双组分硅酮胶按比例混合均匀，无气泡产生；

（3）固化速度适中，具有合理的操作时间和较短的清胶时间，满足生产节拍的要求；

（4）优良的粘接匹配性和粘接强度，对于各种基材的粘接性能满足组件的载荷性能的要求；

（5）优异的抗机械载荷性能和良好的热变形补偿能力；

（6）优良的阻燃性能；

（7）长期可靠的耐环境老化性能，不会发生因内部或外部作用（如水、水气、阳光暴晒、温度变化等）原因而破坏的危险。

3.7.4 硅橡胶密封剂的性能要求

为了实现硅橡胶密封剂在光伏行业的规范化应用，提高企业技术水平，确保光伏组件质量可靠，国家胶黏剂标准化委员会组织业内知名胶黏剂与光伏组件企业通过解读IEC61215、IEC61730、UL1703等国际光伏标准，特别是有关安全使用、机械承载、环境老化等方面的要求，深入了解对光伏组件及材料的整体要求。通过具体分析光伏组件不同用胶点的技术要求，对光伏组件用胶进行分类，最终确定了边框密封、接线盒粘接、接线盒灌封、汇流条密封、薄膜组件支架粘接五大类用胶点，并分别制定了技术标准，形成了完整的GB/T 29595—2013《地面用光伏组件密封材料—硅橡胶密封剂》国家标准。该标准于2013年12月1日发布实施。标准中有关光伏用硅橡胶密封剂的指标要求见表3-11。

表3-11 光伏用硅橡胶密封剂指标要求（GB/T 29595—2013）

指标要求	胶黏剂品种				
	边框密封剂	接线盒粘接剂	接线盒灌封剂	汇流条密封剂	薄膜组件支架粘接剂
外观	产品应为细腻、均匀膏状物或黏稠液体，无气泡、结块、凝胶、结皮，无析出物				
挤出性[a,b]/(g/min)	25~250	25~250	—	—	25~250
黏度[a]/mPa·s	—	—	≤15000	—	—
下垂度/mm	—	—	—	—	垂直 ≤3 / 水平 不变形
适用期[a,c]/min	≥5	≥5	≥5	—	≥10
表干时间[a,b]/min	≤30	≤30	—	≤30	≤30

续表

指标要求		胶黏剂品种				
		边框密封剂	接线盒粘接剂	接线盒灌封剂	汇流条密封剂	薄膜组件支架粘接剂
固化速度[a,b]/(mm/24h)		≥2	≥2	—	≥2	≥2
固化后产品性能	拉伸强度/MPa	≥1.5	≥1.5	—	—	≥2.0
	100%定伸强度/MPa	≥0.6	≥0.6	—	—	≥0.6
	剪切强度(阳极化铝 Al-Al,胶层厚度 0.5mm)/MPa	≥1.0	—	—	—	≥1.5
	与接线盒拉力[d]	—	合格	—	—	—
	体积电阻率/Ω·cm	—	≥$1.0×10^{14}$	≥$1.0×10^{14}$	≥$1.0×10^{14}$	≥$1.0×10^{9}$
	击穿电压强度/(kV/mm)	≥15	≥15	≥15	≥15	≥15
	热导率/(W/m·K)	—	—	≥0.2	—	—
	阻燃等级与HAI、CTI指标的关系	—	—	满足表3-12的要求	满足表3-12的要求	—
	定性黏结性能	≥C80[e]	≥C80[f]	≥C50[f]	≥C50[g]	≥C80[h]
环境老化后性能[i]	拉伸强度/MPa	≥1.0	≥1.0	—	—	≥1.0
	100%定伸强度/MPa	≥0.2	≥0.2	—	—	≥0.3
	剪切强度(Al-Al)/MPa	≥0.7	—	—	—	≥1.0
	接线盒拉力试验/N	—	≥160	—	—	—
	体积电阻率/Ω·cm	—	≥$1.0×10^{14}$	≥$1.0×10^{14}$	≥$1.0×10^{14}$	—
	击穿电压强度/(kV/mm)	—	—	15	15	—
	定性黏结性能	≥C80[e]	≥C80[f]	≥C50[f]	≥C50[g]	≥C80[h]

a. 允许采用供需双方商定的其他指标值;
b. 适用于单组分硅橡胶;
c. 适用于单组分硅橡胶;
d. 接线盒通过供需双方商定确定;
e. 测试材料为背板、铝合金、玻璃,选用的厂家通过供需双方商定确定;
f. 测试材料为背板、接线盒,选用的厂家通过供需双方商定确定;
g. 测试材料为背板,选用的厂家通过供需双方商定确定;
h. 测试材料为支架、背板,选用的厂家通过供需双方商定确定;
i. 环境老化项目包括湿-热试验、热循环试验和湿-冷试验。

硅橡胶密封剂的阻燃等级与 HAI、CTI 指标的对应关系,可参考表 3-12 中不同阻燃等级与 HAI、CTI 指标的对应关系。

表 3-12　不同阻燃等级与 HAI、CTI 指标的对应关系

阻燃等级	HAI/次	CTI/V
HB	60	250
V-2	30	
V-1	30	
V-0	15	

3.8　组件边框

组件的边框必须具有足够的强度和稳定性，才能保证光伏组件在强风、骤雨、暴雪等恶劣环境下安然无恙，正常工作。此外组件边框必须有一定的防腐能力，以防在高温高湿地区受到腐蚀，影响边框的整体性能。

目前组件边框采用的材质主要是铝合金，最常用的铝合金型号是 6063-T5（6063 是铝镁合金牌号，T5 是热处理方式），要求符合 GB/T 16474—1996《变形铝和铝合金牌号表示方法》。铝合金密度低、强度高、塑性好，容易加工成各种型材，具有优良的导电、导热和抗蚀性能，经过表面处理的铝合金，在表面可形成致密的氧化层，提供有效的防腐蚀性能。6063 铝镁合金的表面处理方式主要为阳极氧化处理，氧化层厚度一般大于 $10\mu m$（即 AA10 等级）。

铝边框的连接方式主要分为两种：角码连接和螺钉连接。螺钉连接如图 3-15 所示，一般是在短边框上预先加工螺孔，长边框上的铝型材有自攻螺钉安装结构，装配时，将不锈钢自攻螺钉从短边框一侧旋入，连接长短边框。

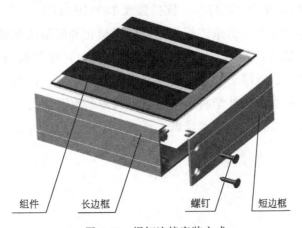

图 3-15　螺钉连接安装方式

角码连接如图 3-16 所示，通过 L 形铝型材与长短边框腔体的过盈配合来连接长短边框。

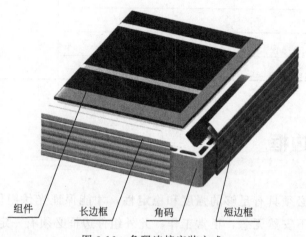

图 3-16　角码连接安装方式

为了保证组件边框有足够的强度，在进行型材设计时需要考虑以下几个方面：

（1）型材的高度。型材的高度对于型材的抗弯截面模量有重要影响，目前主流厂商的组件型材高度基本在 30～50mm 范围内。型材高度对生产成本和运输成本会有影响。所以型材高度的设计要综合考虑；

（2）型材截面的壁厚。截面的壁厚对型材的强度也有影响，目前型材的壁厚一般都要求大于 1.5mm，同时需结合安装端要求进行设计，尤其要注意安装孔等应力集中区域的壁厚设计；

（3）型材的硬度。型材硬度主要由型材合金元素和热处理工艺所决定。型材的硬度对屈服强度、抗拉强度有重要的影响，目前一般要求型材的硬度至少达到 HW8 以上，屈服强度至少 110MPa，抗拉强度 160MPa 以上。

随着材料技术的进步，未来边框型材有向薄型化和轻量化发展的趋势。一些对安装重量有要求的场合，如屋顶，可以采用薄型型材；在气候条件常年较好的地区，组件的边框高度、壁厚、硬度等指标都可以有所放宽，这不但能降低组件的重量，同时也能降低成本。另外塑料边框也是目前的研究对象之一，塑料边框主要面临强度、成本及可靠性方面的技术难题，还有待于市场检验与评估。

第 4 章

生产设备与检测仪器

本章主要介绍光伏组件生产所需的关键设备与检测仪器。随着工业自动化程度的提高,无论是太阳电池生产车间还是光伏组件生产车间,都在逐渐引进半自动或全自动化生产线,生产线所需的员工越来越少,但是对技术人员的素质要求却越来越高,他们需要了解各个设备并能保证设备稳定可靠运行,从而保证组件产品良率和质量。光伏组件生产常用的关键生产设备包括切割设备、玻璃清洗机、焊接设备、真空层压设备等。

光伏组件在生产过程中,在关键节点处通常需要进行检测,合格之后才可以流入下一道工序,以便提高良品率。主要的检测仪器有太阳能模拟测试仪和隐裂测试仪。太阳能模拟测试仪用来测试组件的电性能参数,从而对组件进行功率评定和分档。隐裂测试仪用来检测组件内部的电池缺陷。

4.1 生产设备

4.1.1 切割设备

光伏行业用切割设备主要有金刚石切割设备和激光划片机,由于激光切割的效率更高,现在许多工厂都采用激光划片机来切割太阳电池和硅片。本节主要介绍激光划片机的原理、设备组成以及关键工艺等。

4.1.1.1 激光划片原理

激光具有高亮度、高方向性、高单色性和高相干性等特点,激光束通过聚焦后,在焦点处可产生数千摄氏度的高温,几乎能加工所有的材料。激光划片就是把激光束聚焦在硅、锗、砷等材料的表面,通过高温,使材料表面熔化蒸发而形成沟槽,因为在沟槽处会形成应力集中,所以沿沟槽很容易将材料整齐断开。激光划片为非接触加工,因此用激光对晶体硅太阳电池进行划片能较好地防止损伤和污染,提高划片的成品率。

4.1.1.2 设备简介

激光划片机一般由激光晶体、电源系统、冷却系统、光学扫描系统、聚焦系统、真空泵、控制系统、工作台、计算机等组成，如图 4-1 所示。控制台上有电源、真空泵、冷却水开关按钮及电流调节按钮等，工作台面上有气孔，气孔与真空泵相连，打开真空泵后太阳电池就被吸附固定在控制台上，切割过程中不易产生位移。

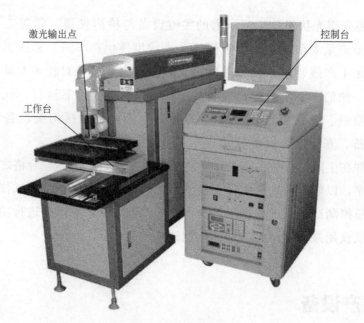

图 4-1　激光划片机

使用划片机切割电池时，先打开激光划片机及与之相配的计算机，将要切割的太阳电池正面朝下放在切割台上，并摆好位置，然后打开计算机中的相关软件，根据所需电池的尺寸设计线路之后，输入 X 轴与 Y 轴方向的行进距离，预览确定路线后，调节至合适的电流进行切割。

4.1.1.3 切割关键工艺控制点

为保证电池在切割过程中的损失程度最小，并且保证不影响后序组件良率，切割过程中需要把握好以下几个关键工艺控制点：

（1）切片方向　通常从电池背面切割，避免正面切穿 p-n 结，导致电池正负极短路；

（2）对位精度　根据所切电池尺寸来定，通常 156mm×156mm 电池对半切的对位精度需要小于 0.2mm；

（3）切割深度　切割深度通常控制在电池厚度的 60% 左右，在设备上主要通过调节激光功率和激光划片速度参数来控制切割深度；

（4）切边平整度　应确保电池紧贴工作面板，激光头应聚焦良好，以保证切边的平整度，避免出现 V 型缺角等缺陷，减少隐裂、破片问题的发生；

（5）切片破片率　从上料、划片、掰片到下料，每个操作都可能会引起破片，因此要控制好各个步骤的良率；

（6）产能　在保证切片质量的前提下，通过调节激光功率和划片速度来控制划片产能。

此外，在操作切割机时，需要注意以下几个问题：

（1）切片时，需根据所切电池的尺寸、厚度、翘曲度以及产能需求等来选择合适的划片参数，尤其需要注意激光功率和划片速度的设置。激光输出功率大，激光束能量强，可以将电池直接划断，但这样容易造成电池正负极短路。反之，功率输出小，则切割深度不够，在沿着划痕将电池掰开时，容易将电池掰碎。在激光功率恒定时，激光切片速度过慢，切割深度会增加，而且长时间高温对电池损伤较大；但如果切割速度过快，会导致划痕较浅，电池容易被掰碎；

（2）激光束行进路线是通过计算机设置确定的，设置坐标时，一个微小的差错都会使激光束路线完全改变。因此，在切割电池前，可以先使用小功率光束沿设定的路线走一遍，确认路线正确后，再调大激光功率进行切片；

（3）一般来说，激光划片机只能沿 X 轴与 Y 轴方向进行切割，切方形电池比较方便。当要求将太阳电池切成三角形等形状时，切割前一定要计算好角度，通过改变电池放置的方位，使需要切割的线路沿 X 或 Y 方向；

（4）在切割不同的太阳电池时，如果两种电池厚度差别较大，在调整激光功率的同时，需注意调整激光束的焦距；

（5）切割时应打开真空泵，使电池紧贴固定在工作面板上，否则会导致切割不均匀；

（6）切割之后要定期对设备进行除尘处理，尤其是激光头、负压吸嘴通路和吸盘通路，否则灰尘的存在或电池吸附不平容易引起激光头失焦，造成划痕深浅不一，切口呈锯齿状。

采用皮秒级激光可以有效提高激光划片的良率和切口质量。为了尽可能降低激光对太阳电池的损伤，现在有的设备把激光的脉冲宽度从纳秒级升级为皮秒级，目前业内已经开始用皮秒级激光进行 PERC 电池背面开槽和 MWT 电池激光钻孔。

4.1.2　玻璃清洗机

玻璃的清洁度对组件的层压效果和组件的长期可靠性有重要影响，因此在组件叠层前应根据需要对玻璃进行清洗，清洗设备一般采用玻璃生产制造业常用的玻璃清洗机。目前玻璃供应商一般会在包装之前进行清洗，如果存放期超过3个月，则使用之前通常需要重新清洗。玻璃清洗机的清洗方式有刷盘清洗、水过滤清洗和超声波清洗等。

图 4-2 所示的玻璃清洗机用于清洗 1.5～12mm 厚的平板玻璃，为水平卧式结构，采用刷盘清洗方式。通常将平板玻璃放置在进料段的传送辊上，经过清洗段、干燥段后到达出料段（附架），即可得到干燥洁净的玻璃。

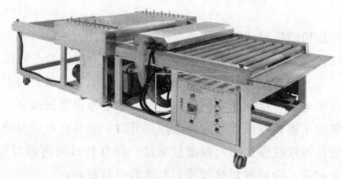

图 4-2　玻璃清洗机

清洗干燥段的传送机构可根据玻璃的厚度自动调节夹送胶辊的距离，动作灵活可靠。清洗部分采用齿轮、链条结合的传动方式，并配置相当数量的清洁毛刷与吸水海绵棒，以确保洁净程度。清洁毛刷与吸水海绵的位置可根据玻璃的厚度上下调节，以便可以在适当的位置上将玻璃清洗完毕。干燥段采用特殊的海绵辊吸水，用于烘干的空气从风机吹出后先经加热，然后再进入上下可调的风刀，均匀地吹向玻璃，使玻璃快速干燥。

使用时的注意事项如下：

（1）注意保持水路清洁，定期清理。光伏玻璃清洗用水一般为去离子水，由于现在大批量使用镀膜玻璃，对玻璃镀膜前清洗用水的水质要求更高，因为镀膜玻璃表面的耐脏污程度不如非镀膜玻璃；

（2）如果玻璃表面不干燥，不能进入叠层和层压工序。

4.1.3　焊接设备

4.1.3.1　设备简介

焊接是组件封装工艺中的关键工序之一，焊接分为手工焊接和自动焊接。手工焊接采用的设备为恒温烙铁，一般温度设置为 380～420℃。早期光伏行业基本上都是采用手工焊接，现在已经被逐渐淘汰，改为自动焊接，只有一些特殊的太阳电池才采用手工焊接。自动焊接设备（俗称自动串焊机，见图 4-3）可以根据所设定的参数将电池片正反面同时自动连续焊接，一次性完成单焊和串焊，组成电池串。与手工焊接相比，自动焊接速度快，焊接质量可靠，一致性好，过程可监控，电池片翘曲小，破片率低，而且可以避免人为因素的影响，如手指印脏污、流转过程破片等。一台产能为 1200 片/小时的自动串焊机能替代约 20 名操作工。当然如果一旦出现焊接不良问题，往往是批量出现，因此自动焊接对设备稳定性要求极高。

图 4-3 自动串焊机

在我国，自动串焊机一开始主要依靠进口，主要产品有德国的 Technical Team（简称 TT），日本外山机械的 DF 系列。现在国产自动串焊机大批涌现，包括先导、Autowell、小牛等。国产串焊机设备性价比很高，价格不到国外设备的 1/3，技术质量及售后服务可与国外设备相媲美。自动串焊机最关键的衡量指标为焊接破片率，国产设备在这项指标上能够做到优于进口设备，进口串焊机破片率一般小于 0.25%，而国产设备能做到小于 0.15%。

太阳电池焊接的主要加热方式有红外加热、电磁感应加热及热风加热等。德国 TT、西班牙 Gorosabel、国内无锡先导、奥维特以及天津利必优等公司均采用红外加热方式，而瑞士 Komax、美国 Xcell（Komax 重组）、国内宁夏小牛等公司则采用电磁感应加热技术，Somont GmbH（被梅耶伯格收购）公司采用软接触电热棒加热，日本外山机械采用的则是热风加热技术。

4.1.3.2 设备工作流程

一台串焊机主要包括上料区、焊接区、出料区和焊带供给区。图 4-4 展示了串焊机完整的工艺流程。上料区的主要功能为电池上料、CCD 检测等，焊接区的功能为电池加热、焊接、传送等,出料区的功能则主要是将焊好的电池串切断和传送到下一工位,焊带补给区的主要功能是互连条整理牵引、整理和切断,有的还包括助焊剂供给。

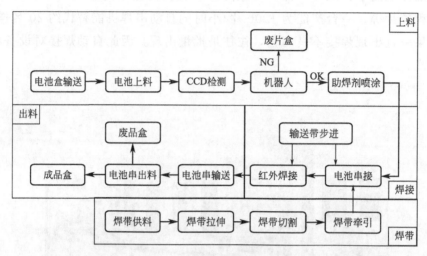

图 4-4 串焊机工艺流程图

1. 电池上料

电池盒装载位位于机器外部,不需要停机上料,操作者看到装载盒传输进设备后,就再放入另一盒电池至上料台,见图 4-5。

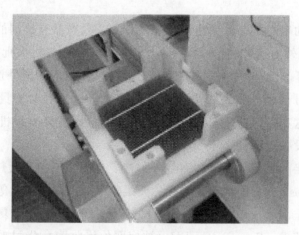

图 4-5 电池上料台

2. 电池上料和 CCD 检测

电池盒到达上料位后,上料机构将电池逐片抓取到 CCD 拍照平台拍照检测和定位。上料机构由顶升伺服、升降电缸(带吸盘)和横移伺服组成,并配有防止电池粘连的气刀,如图 4-6 所示。一般 CCD 检测采用 300 万以上像素的工业相机,见图 4-7。主要功能如下：

（1）缺陷检测　可检测缺角、裂口、裂纹、栅线不平行等缺陷，缺陷等级（如裂口深度）可根据电脑中设定的标准进行自动判定；

图 4-6　电池上料机构

图 4-7　CCD 检查电池缺陷及定位

(2)栅线定位　检测电池的中心及主栅线位置,与焊带进行匹配。

CCD将检测结果发送给机器人,机器人根据CCD传来的数据对电池进行精确抓取定位,将不良电池放到不良片盒,合格电池则抓取到输送带,并在抓取过程中根据CCD检测结果对电池进行微调,使主栅线对准焊带,定位精度可以达到0.01mm,有效避免主栅线焊接露白。

3.施加助焊剂

一般助焊剂施加方式有喷涂和浸泡两种。喷涂方式一般是在机器人将太阳电池从拍照平台取出时,助焊剂喷涂机构将助焊剂喷涂在电池正反两面的栅线上,这个过程需要掌控好喷涂角度,否则会喷在主栅线和背电极范围之外,影响电池外观,有时会带来其他可靠性问题。浸泡方式是互连条从卷轴上拉出时,直接经过一个助焊剂浸泡盒,烘干后进行焊接。两种方式各有利弊,喷涂方式在调整及切换焊带规格后需要对喷涂的角度等进行调整;而对于浸泡方式,由于助焊剂具有腐蚀性,所以焊带经过的工装配件部位需要经常清洁保养,以防止被腐蚀。

4.互连条整理及牵引

互连条在卷轴上呈弯曲状态,因此首先需要将其拉直,然后进行切割,需要的时候可以进行一定程度的折弯,以匹配电池从正面折弯到背面的高度,防止破片和组件工作中的热胀冷缩带来的影响。互连条拉伸量可在电脑程序中设定,拉伸量过大和过小都会影响焊接性能,应根据焊带性能和经验设定拉伸量。折弯深度及位置一般用小的工装夹具控制,可以通过人工进行调整。焊带牵引机构将切割后的焊带夹取和定位到电池的主栅线上,焊带定位的精度主要通过焊带牵引机构的伺服电机、直线模组及导向机构来保证。

5.焊接区输送带

焊接区输送带如图4-8所示,一般采用特氟龙材质,它耐高温且不粘锡。为了减少温度变化在太阳电池内部引起的应力,焊接区输送带下方设置多块加热板,在焊接前对电池进行多段不同温度的预热,在焊接后也可使电池多段缓慢冷却。输送带由伺服电机驱动,步进精度较高。

图4-8　焊接区输送带

6. 加热和焊接

通过同时加热电池的正反两面，将互连条同时焊接在太阳电池的主栅线和背电极上，直接将电池焊接成串。除了传输带下面有加热板对电池背面进行预热，电池正面还通过红外或者热风进行加热，或者采用电磁加热。一般焊接底板温度精度约±5℃，红外灯管温度精度约±10℃。焊接台如图4-9所示。

7. 分串机构

分串机构如图4-10所示，主要功能是将已焊好的电池串按照所需要的串联电池数量进行切断，并可以自动连续切断，切断与焊接同步进行，无需等待，一方面提高了单位时间产能，另一方面有效避免了电池串首尾片的焊带偏移。

图4-9　焊接台

图4-10　电池分串机构

8. 出料区

出料区由输送带、下吸取机构、上吸取机构、横移机构、成品盒支架、废品盒支架组成。出料区可设置为检查模式或自动模式。在检查模式下，通过机侧按钮可将电池串翻转至设定的角度，方便人工检查；在自动模式下，每串电池串自动翻转，延时一定时间（一般留有 5 秒的检测时间）后放入成品盒。常用的自动串焊机的技术指标参考表 4-1。

表 4-1 常用的自动串焊机的技术指标

适用尺寸	125、156 晶体硅电池，电池厚度：150～220μm；主栅数量：2～5，兼容市场上大部分太阳电池栅线形状
电池片供给方式	电池水平码放到送料仓中，一般要求每个电池盒装载电池数量不少于 120 片
焊带供给	多组卷轴焊带自动供给，数量根据客户定义；焊带宽度：0.9～2.0mm，厚度：0.2～0.3mm
CCD 检测	CCD 画像处理系统对电池外观缺陷进行检测，同时完成以电池的边缘定位和栅线的定位
助焊剂喷涂	业内分为两大类：直接喷涂在电池上和喷涂在焊带上
焊接方式	红外线灯式焊接，上下栅线同时焊接（TT、ATW、先导）；电磁感应焊接（小牛、Komax）；热风焊接（NPC、DF）
控制系统	单片机控制，扩展性能低且稳定性一般；PLC 控制，扩展性能好且稳定性高。主流为德国西门子系列或日本三菱系列的控制模块，如 TT 及 3S 为 Siemens，DF 及 ATW 为 Mitsubishi，先导为 OMRON
取片机器人	主要作用是抓取电池及将电池精确定位，属于要求最高的控制运动模块。业内一般采用 EPSON（日本）、FANUC（日本）、ABB（瑞士）这几家提供的工业机器人
传输带	采用不锈钢带或涂特氟龙的聚四氟乙烯高温布传送
焊接速度	目前一般达到 1200 片/小时，最新的设备达到 2400 片/小时，有的到达 3200 片/小时
焊接不良率	主要体现在：焊接偏移、空虚焊、片间距不良、隐裂破片。一般要求不良比例低于 0.1%
破片率	一般要求为：<0.1%

4.1.4 真空层压设备

组件封装主要依靠真空层压设备，即真空层压机实现。通过真空层压机在一定真空、温度、时间条件下的压力作用，组件叠层件中的粘接材料 EVA 胶膜可以将背板、太阳电池和玻璃粘接在一起，变成层压件，实现对电池的保护。

4.1.4.1 层压机简介和分类

层压机集真空技术、气压传动技术、PID 温度控制技术于一体。其外形结构多种多样，图 4-11 所示是早期的半自动层压机，一次可以层压 1 块常规组件；图 4-12 所示是传动式层压机，一次可以层压 3~4 块常规组件。两种层压机工作原理基本一致，在控制台上可以设置层压温度、抽气时间、层压时间、充气时间，控制方式有自动与手动两种。

图 4-11 半自动层压机

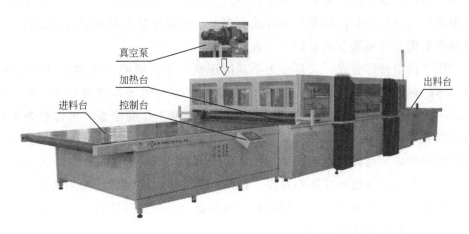

图 4-12 传动式层压机

整套层压机包括进料台、控制柜、电脑显示屏、加热站、层压腔体（主机）和出料台。层压的主要过程在层压腔体内完成，其他机构都起到辅助作用。层压机腔体的内部结构主要包括上室、下室和热板。层压机的上盖内侧有个胶皮气囊，上室指的就是这个气囊和上盖板之间的腔体。上盖与热板之间的距离一般为 15~30mm，周围有密封圈，上盖盖下后，形成一个密封的腔体，称为下室。底板为加热板，加热板上为由耐高温的聚四氟乙烯高温布做成的传输带。

层压机的加热方式和抽真空能力是影响层压效果的关键因素。层压机的加热方式一般有油加热、电加热和油电混合加热三种。油加热方式中，加热板一般采用一整块钢板，钢板中间打循环孔，让热油在热板内部循环，实现加热的功能；电加热一般采用分块加热的方式，例如一个尺寸大约 3000mm×40000mm 的热板，通常分为 16～32 个加热区域分别控制，从而实现整板加热。油加热成本低，比较容易实现温度均匀，一般精度为±2℃，但需要一直使用油泵，并不断对油进行加热，同时油路需要维护，定期更换加热油；电加热成本较高，但是升温快，温度均匀性更好，精度通常能达到±1.5℃。现在高级的电加热方式还能实现局部温度补偿，如层压件在进入腔体后，在整个抽真空过程中玻璃会发生翘曲，使组件四个角落的 EVA 交联率偏低，因此可以将这四个角落的加热模块设定温度提高 1～3℃，保证 EVA 的交联均匀性。电加热可缩短层压时间，提高产能。

早期有一种进口的顶针式层压机，在电加热板上安装了顶针结构，在刚开始加热的时候，可以将层压件顶出，不接触热板，而利用空气传热，实现组件叠层件的均匀受热和升温，这样有利于 EVA 均匀熔融，减小叠层件的初始变形，提高工艺良率，但这种加热方式工艺复杂、成本高，因此这种层压机没有得到继续发展。随着双玻组件的迅速发展，又出现了上下都可以加热的层压机，这种层压机的下腔室加热板不变，而在上盖板采用红外加热的方式对组件叠层件背面进行加热，能有效缩短层压时间，提高产能。

国产层压机最开始大多采用油加热方式，现在多采用电加热方式。层压机的真空度主要由真空泵控制，抽真空的方式有多种，如旋片泵和罗兹泵组合抽真空，更高级的有采用旋杆泵和罗兹泵组合实现抽真空。

层压机根据操作方式，又可分为手动层压机、半自动层压机和全自动层压机；根据腔体的热板大小，又可分为一压一（以常规 60 片电池串联成的 270W 组件为基础，一次层压一块组件）、一压三、一压四；根据工作腔个数，可以分为单腔层压机和双腔层压机。单腔层压机只有一个加热腔，层压一次完成；双腔层压机有前后两段加热腔体，可以实现两步层压，不但节约空间，还能提高产能，并且可以一段层压采用低温，以便较好地抽真空，避免产生气泡，二段层压采用高温，以达到快速交联的效果。另外层压机还可根据所压层数分为单层层压机和多层层压机。图 4-13 所示为不同层压机结构图。

层压机的生产企业较多，国内厂家主要有秦皇岛奥瑞特、上海申科、秦皇岛博硕光电、秦皇岛瑞晶，国外主要有 Meiya、3S、日清纺等。

4.1.4.2 层压机的工作过程

层压的时候需根据 EVA 的特性设定好热板温度，一般温度范围为 135～150℃，抽真空和层压时间也需要根据不同 EVA 的特性进行调整，调整的原则为层压后组件没有气泡、电池破裂等现象，交联率合格，EVA 与背板的剥离强度合格。

单腔层压机

双腔层压机

多层层压机

图 4-13 不同层压机结构图

层压机的工作过程主要分以下四步：

（1）入料 组件叠层件通过进料台传送带送进层压机加热板区域；

（2）抽真空加热 层压机迅速合盖，上、下腔室同时抽真空。上室抽真空是为了把硅胶毯吸附到上盖板上，防止硅胶毯压到叠层件。通常要求下室的抽气时间为 4～6 分钟，一般在 20 秒内下室真空度都会达到 −20Pa 以上，几乎处于完全真空状态，否则组件内部就会产生小气泡。在这个过程中层压件开始逐步加热升温，EVA 开始熔融；

（3）保压加热、交联固化 层压机上腔室开始充气，下腔室继续抽真空，上、下腔室间形成压力差，硅胶毯开始对叠层件施加压力，这个压力除了保证 EVA 和背板、玻璃的粘接强度，还能把 EVA 交联固化过程产生的气体排出。保压加热时间一般为 10~20 分钟，整个过程下室保持真空、上室保持充气状态；

（4）出料冷却　待保压固化时间到达设定值以后，下室充气，上室抽真空，下室气压上升到大气压值后开盖，固化好的层压件传送到出料台进行自然冷却。

4.1.4.3　注意事项

在使用层压机过程中有以下事项需要注意：

（1）层压机合盖时压力巨大，切记下腔室的边沿不能有其他物件，以防意外伤害或设备损毁；

（2）开盖前必须检查下室充气是否完成，否则不能开盖，以免损坏设备；

（3）控制台上有紧急按钮，紧急情况下按下，可使整机断电。故障排除后，将紧急按钮复位；

（4）层压机若长时间未使用，开机后应空机运转几个循环，以便将吸附在腔体内的残余气体及水蒸气抽尽，从而保证层压质量。

4.1.5　自动生产线

在光伏行业发展的初期，国内组件生产线上每个工序基本都是独立的，每个工序的半成品件都需要人工搬运和流转，因此产品质量受很多人为因素的影响。虽然国外有自动流水线，但是价格非常昂贵，因此几乎没有公司购买采用。这些年随着光伏行业的迅速发展，国内自动化、半自动化流水线得到了快速发展，以较高的性价比得到了广大组件企业的青睐和使用，大大提高了组件生产效率和产品质量。晶体硅光伏组件自动生产线见图 4-14。

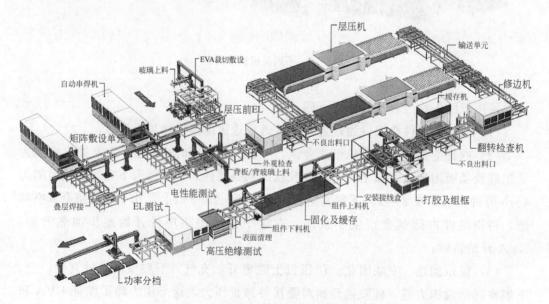

图 4-14　晶体硅光伏组件自动生产线

与传统的手工线比较，自动生产线的布局除了电池串矩阵敷设单元有明显不同外，其他生产设备大部分都是相同的，自动生产线主要增加了每个工站之间的流转轨道，实现了组件在整个生产过程的自动流转，同时用机器人或者机械手实现了每个设备的自动上料和下料，图4-15是自动化流水线现场。

图 4-15　自动化流水线现场

全自动电池串矩阵敷设单元的自动排版工作站如图 4-16 所示，主要由玻璃归正输送单元、前 EVA 上料敷设机构、电池串吸附和摆放归正机构、汇流条摆放机构、汇流条和互连条自动焊接机构、后 EVA 和背板上料机构和检测机构组成，主要控制器件有伺服电机、步进电机、编码器、激光传感器、气动元件、光电传感器、

图 4-16　自动排版工作站

变频器、PLC 通信模组、I/O 模块、电机减速机等。主要机械部件有框架结构、传动轴、传输带、吸盘组、横移模组、升降模组、导轨、机械手等。一般采用激光传感器边缘定位或 CCD 图像计算定位，将电池串根据生产工艺要求快速准确摆放到位，节拍间隔小于 15 秒/串，排版精度要求为小于±0.5mm，角度偏差低于±0.5 度。

在实际应用中一般采用半自动化流水线进行排版和叠层，将整个叠层的工序分解成不同的工位，有的工位采用自动化操作，有的工位采用人工操作，人工操作一般只需进行一个非常简单的动作，从而大大提高了工作效率。采用半自动流转时，通常是在线下用设备把 EVA 和背板裁切好，玻璃在线上自动上料，然后敷设第一张 EVA，电池串自动吸附和敷设，接着摆放和焊接汇流条，最后敷设 EVA 和背板，即整个过程的各个动作分解为流水线上的不同工序，实现高效合理的运转节奏。

自动化流水线有如下优点：

（1）设备采用全自动化管理运行模式，自动排版，组件自动流转和在线清洗检测，自动打胶，自动测试，不需采用人工；

（2）采用流程化生产及准时化流转方案，节拍可以控制（一般小于 50 秒/件）。流水线各工作站实现数据集成、计算、分析、监控，品质可控及可量化；

（3）采用 PLC 主从站通信进行控制，能够单独控制每个工序；任何工序，只要存在堆积情况，系统都能够自动判断，并对堆积产品进行变向分配流通，确保生产线的顺畅；

（4）可以实现智能化和大数据管理，实时监控每个工段的产能和良率情况等。

4.2 检测仪器

4.2.1 太阳能模拟测试仪

太阳能模拟测试仪（又称太阳模拟器，或 I-V 测试系统）主要用于测试太阳电池或组件的电性能。通过测试太阳电池或组件的伏安特性曲线，并进行分析计算，得到其最大功率 P_{max}、最大功率点电流 I_{mpp}、最大功率点电压 V_{mpp}、短路电流 I_{sc}、开路电压 V_{oc}、填充因子 FF（Fill Factor）、光电转换效率 E_{ff}、串联电阻 R_s、并联电阻 R_{sh} 等参量，这些参量能够反映出太阳电池或组件的电性能，不仅可用于太阳电池或组件的生产工艺研究，还可以用于太阳电池或组件的功率等级评定。因此，一台可靠的太阳模拟器不仅对生产工艺改进具有指导意义，更关系到产品的品质和制造企业的利润和信誉。

4.2.1.1 太阳模拟器测试原理

太阳模拟器是用来测试光伏组件或电池的 I-V 曲线的,主要记录被测样品在确定的工作温度、确定的入射光谱和辐照强度下,其负载变化时输出电流和输出电压之间的关系,测试原理等效示意图见图 4-17。

常见的 I-V 测试系统主要由光学系统、电子负载、控制电路、计算机、数据采集系统等功能模块组成。典型 I-V 测试系统的结构如图 4-18 所示。

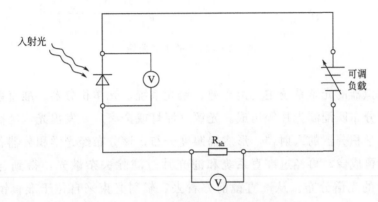

图 4-17 太阳模拟器测试原理等效示意图

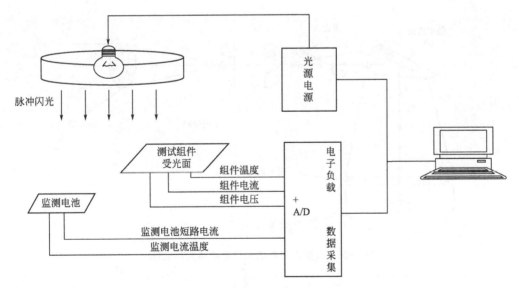

图 4-18 典型 I-V 测试系统结构图

典型的 I-V 曲线如图 4-19 所示。关键测试参数有短路电流 I_{sc},开路电压 V_{oc},峰值功率 P_{max},最佳工作点电流 I_{mpp},最佳工作点电压 V_{mpp},其他还有填充因子 FF,转换效率 η,串联电阻 R_s 和并联电阻 R_{sh} 等。

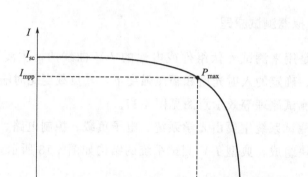

图 4-19 典型的 I-V 曲线

太阳模拟器的光学系统主要由光源、聚光系统、光学积分器、准直系统、太阳光谱辐照度分布匹配滤光片等组成。光源（氙灯或金卤灯）发出光，经椭球面聚光镜汇聚到光学积分器的入射端，形成辐照度分布，该分布经光学积分器各通道对称分割、叠加再成像，再经过准直系统和滤光片过滤除去杂散光，得到与自然太阳光非常接近的光谱分布。从准直镜前方看去，辐射光束来自位于准直镜焦面上的圆形视场，光阑如同来自无穷远处的太阳，从而实现了具有均匀辐照的太阳光的模拟。太阳模拟器的光学系统结构示意图如图 4-20 所示。

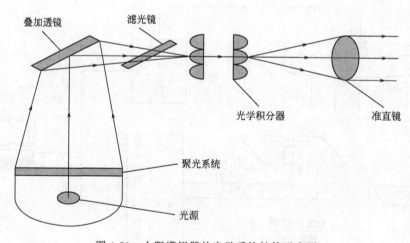

图 4-20 太阳模拟器的光学系统结构示意图

4.2.1.2 太阳模拟器的光源

太阳模拟器的光源可以说是模拟器的心脏，它直接影响到辐照度、光谱范围及稳定性。光源一般采用人工模拟太阳光，光谱与自然太阳光越接近越好。

太阳模拟器根据光源类型主要分稳态光源和脉冲式光源。稳态光源工作时能输出辐照度稳定不变的太阳模拟光,便于测量工作的稳定进行,因此还可应用于光老化试验和热斑耐久性试验等,其缺点是设备功率大,且在测试时容易受温度影响,为了获得较大的辐照面积,需要非常庞大的光学系统和供电系统,因此稳态光源一般不用于组件测试,通常仅用于小面积测试,如可以用于太阳电池模拟测试仪。脉冲式光源能在很短的时间内(通常是毫秒级)以连续脉冲的形式发光,其优点是瞬间功率很强,而平均功率很小,缺点是由于测试在极短的时间内完成,因此对数据采集系统要求比较高。对于高效太阳电池组件,如 PERC 电池组件,由于存在较大的电容效应,利用脉冲式光源会带来较大的测试误差。

脉冲式光源常见的有金卤灯和氙灯两种。金卤灯在光谱能量分布上与太阳光谱差别较大,一般很少采用。氙灯是利用氙气放电而发光的光源,光谱的连续性很强,光谱分布与太阳光谱相似,但是在 800~1000nm 范围有许多尖峰,比太阳光大几倍,需要用滤光片滤除。目前航天系统的太阳模拟器和大型的聚光型太阳模拟器都采用氙灯作为光源。

目前有企业在研发 LED 太阳模拟器。LED 太阳模拟器一般为下打光式,有多个 LED 光源均匀分布在组件测试玻璃台下的光线发射区域,例如在 1000mm×2000mm 的模拟器测试面积上可分布 112 个 LED 灯源。但是这种模拟器技术上还不成熟,只有极少数企业正在研发。太阳模拟器灯源和主要生产厂家见表 4-2。

表 4-2 太阳模拟器灯源和主要生产厂家

类型	优点	缺点	主要厂家
氙灯	光谱匹配好 电流功率高	寿命短 耗电量大	PASAN,SPIRE,ALL REAL, Berger,HALM,北京德雷射科, 陕西众森,秦皇岛博硕等
金属卤钨灯	连续性好 寿命长	色温低 需预热	ATLAS,ALL REAL 等
LED 灯	光谱匹配较高 均匀性好	需多种波长的 LED 光源	Wavelab,PASAN,陕西众森
多类型组合灯	光谱匹配较易达到	需多种供电电源	Optosolar,WACOM

随着双面电池双玻组件的快速发展,一些测试仪厂家也在研发双面打光的太阳能模拟器,以实现在组件正面和背面同时施加光源。

总体而言,太阳模拟器灯源的未来发展趋势主要有以下几个方面:①光谱分布更加接近标准太阳光谱;②辐照度的均匀性更好;③辐照强度总能量尽可能接近真实的太阳能量;④能实现功率的连续可调。最终要实现的是一个最接近真实太阳的光源。

太阳模拟器根据光源的位置可以分为卧式侧打光、立式上打光和立式下打光三种类型。卧式测打光太阳模拟器示意图见图 4-21,组件需要在垂直放置状态下进行测试,且需要较长的距离,因此需要一个很长的暗室,典型产品有 PASAN 3B、PASAN 3C、德雷射科产品等。采用立式下打光(即光源在组件下方,见图 4-22)

时,组件需要在水平放置状态下进行测试,典型立式下打光太阳模拟器产品有美国 SPIRE 公司的单脉冲 4600SLP、5600SLP 及陕西众森的 9A+ 等。立式上打光模拟器对测试暗房的建筑高度要求较高,要大于 8 米以上,更换灯管以及保养都不太方便,一般很少采用。

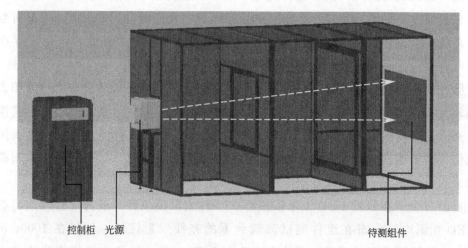

图 4-21 卧式侧打光太阳模拟器示意图

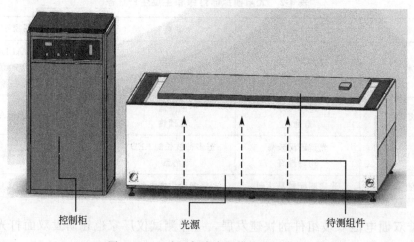

图 4-22 立式下打光太阳模拟器示意图

目前在进行大规模的光伏组件测试时通常采用连续脉冲式下打光太阳模拟器,如果是用于实验室高精度的测试,则采用卧式侧打光太阳模拟器,以得到更高的光强均匀度和实现不同辐照度的调节。

4.2.1.3 太阳模拟器的性能评价

太阳电池是光谱选择性器件,其光电响应特性随光谱分布的变化而变化。全球各地的自然阳光光谱分布不同,而且自然阳光的总辐照度也一直处于变化中,且无法调节,这会影响测试结果的可重复性。为使地面用太阳电池(组件)的测试结果既具有可比性,又能反映出太阳电池(组件)在户外正常使用时的性能,国际组织制定了地面光伏器件的标准测试条件(STC,Standard Testing Condition):太阳辐射强度 $1000W/m^2$,环境温度 25℃,大气质量 AM 1.5G。

目前光伏测试用太阳模拟器的等级划分标准主要有 IEC 60904、ASTM E927-10 和 JIS C8912。按照国际标准 IEC 60904-9,判定太阳模拟器的光谱匹配级别主要有三个参数:光谱匹配性、光谱空间不均匀性和辐照不稳定性(这三个参数又分短期性能和长期性能),根据这三个参数的精度,将模拟器分为 A、B、C 三个等级,见表4-3。

表4-3 太阳模拟器的等级划分

等级	光谱匹配	辐照的不均匀度	辐照不稳定度	
			短时间不稳定度	长时间不稳定度
A	0.75~1.25	2%	0.5%	2%
B	0.6~1.4	5%	2%	5%
C	0.4~2.0	10%	10%	10%

1. 光谱的匹配性

鉴于目前已知的太阳电池光谱的相应特性,现行的 IEC 60904-3 标准推荐使用6个波段对模拟太阳光进行光谱匹配,见表4-4,如果每个波段的辐照值与AM1.5G 相应波段总辐照的比值的标准偏差在±25%以内,则可以评定达到了A级标准。目前多数设备厂家能做到 A+级,有少量厂家采用稳态模拟器可以做到±5%的范围波动,但制造成本也急剧增长,不适合量产。

表4-4 IEC 60904-3 中规定的太阳光谱辐照比例数据表

序号	波段/nm	400~1100nm 波长范围辐照占总辐照的百分比	序号	波段/nm	400~1100nm 波长范围辐照占总辐照的百分比
1	400~500	18.4%	4	700~800	14.9%
2	500~600	19.9%	5	800~900	12.5%
3	600~700	18.4%	6	900~1100	15.9%

ASTM E927-10、JIS C8912 标准规定的辐照度分布与 IEC 60904-9 一致。ASTM E927-10 还规定了用于地面聚光光伏器件用的 AM1.5D 的光谱分布和 AM0 的光谱分布,见表4-5。

此外,由于高效电池和组件扩展了在红外和紫外波段对太阳光谱的响应范围,目前的模拟器光谱评估范围已经无法覆盖高效电池的光谱响应范围,IEC 在修订标

表 4-5　ASTM E927-10 规定的辐照度分布

序号	波长范围/nm	AM1.5D	AM1.5G	AM0
1	300~400	—	—	8.0%
2	400~500	16.9%	18.4%	16.4%
3	500~600	19.7%	19.9%	16.3%
4	600~700	18.5%	18.4%	13.9%
5	700~800	15.2%	14.9%	11.2%
6	800~900	12.9%	12.5%	9.0%
7	900~1100	16.8%	15.9%	13.1%
8	1100~1400	—	—	12.2%

准 IEC 60904-4 中将模拟器评估范围扩展到 300~1200nm。

2. 辐照均匀性

在测试平面的指定测试区域内的辐照均匀性是太阳模拟器的一项重要指标，用辐照不均匀度表示。在太阳模拟器的光学系统中设计匀光系统和准直系统的目的就是为了提高光线的辐照均匀性，但绝对意义上的均匀是很难实现的。按照 IEC 60904-9 标准规定，将整个测试平面划分为不小于 64 个区域进行测试，每个区域的测试面积不大于 400mm²，辐照不均匀度的计算方法为：

$$u = \frac{G_{\max} - G_{\min}}{G_{\max} + G_{\min}} \times 100\%$$

式中　u——辐照不均匀度，%；

$G_{\max}$——测试区域内辐照度的最大值；

$G_{\min}$——测试区域内辐照度的最小值。

如测试辐照面积为 2000mm×1200mm 的模拟器，进行校准测试时，一般采用单片 125mm 或 156mm 电池进行。以 156mm 电池为例，整个测试区域进行划分，沿长度方向划分为 2000/156=12.8 个区域，取整为 13，宽度方向划分为 1200/156=7.69 个区域，取整为 8，共有 13×8=104 个区域。通过测试这 104 个区域的辐照度，最终计算出辐照不均匀度。

3. 辐照稳定性

在整个数据采集期间内，辐照度应该具有一定的稳定性。将一段时间内测试平面上某点的辐照度随时间变动的关系定义为辐照不稳定度，计算方法为：

$$\delta = \frac{G_{\max} - G_{\min}}{G_{\max} + G_{\min}} \times 100\%$$

式中　δ——辐照不稳定度，%；

$G_{\max}$——整个测试过程中辐照度的最大值；

$G_{\min}$——整个测试过程中辐照度的最小值。

辐照不稳定度分为长时间不稳定度和短时间不稳定度。

太阳模拟器的等级判定原则是：以光谱匹配性、辐照均匀性、辐照稳定性三个指标中最差的指标定位设备的最终级别，如表 4-6 是对某个测试仪的综合判定，最终级别是 C 级。

表 4-6　某个测试仪的综合判定

光谱匹配性	辐照均匀性	辐照稳定性
400～500nm 0.81(A) 500～600nm 0.71(B) 600～700nm 0.69(B) 700～800nm 0.74(B) 800～900nm 1.58(C) 900～1100nm 1.74(C)	测试区域面积，测试至少 64 个点，每个区域为 100cm×170cm，不同区域的辐照不均匀度是 2.6%	短时间不稳定度：多通道同时采集组件的电流、电压和辐照度数值，单次采集通道之间的触发延迟低于 10ns，数据采集期间，短时间辐照不稳定度低于 0.5%(A) 长时间不稳定度：I-V 曲线测试期间，长时间辐照不稳定度小于 3.5%(B)
C 级	B 级	B 级

IEC61215-2：2016 规定：用于测试组件功率的测试仪，若光谱响应一致，测试仪只需达到 BBA 级别即可；用于光老化测试的模拟器，只需要达到 CCC 级别就可以。

4.2.1.4　太阳模拟器的溯源和操作

组件测试之前需要利用参考电池或标准组件对太阳模拟器光源的光强进行校准，即调整模拟器的辐照度，使标准电池的短路电流达到要求的数值，其目的是把模拟器的测试基准调整至量值传递方案要求的基准点。标准电池的校准需符合 IEC 60904-4 量值溯源标准要求。图 4-23 所示为 IEC 60904-4：2009 标准规定的参考电池的量值传递方案，这个是现行版本。图 4-24 所示为 IEC 60904-4：2017 标准规定的参考电池的量值传递方案，预计在 2019 年 6 月发布。

目前国际上一般采用户外法、微分光谱响应法、模拟器法（分别通过二级标准绝对辐射计、标准探测器、绝对光谱分光度计）将电池标片校准值向参考电池传递。在电池标准片使用过程中，传递次数越多，校准值的不确定度越大。

常用的组件测试仪的标片校准方式一般分两种，一种是绝对测量，即参考电池法测试，一般第三方测试机构使用这种校准方式，并用标片对测试系统进行日常点检的测试验证；另一种为相对测量，即参考板法测试，一般生产制造企业采用这种方案，把和产品基本相同的组件送到有资质的第三方测试机构，用绝对测量法给出该组件的电性能参数，然后生产厂家以这块组件作为一级标片，复制二级标片，用于车间批量生产和测试过程，标板属于工作参考的等级。

太阳模拟器校准操作和运行主要分为三步：

（1）校准：打开电源，开启计算机控制系统，进行太阳模拟器光强的校准，校准一般有两种方式，一种是通过 I_{sc} 校准光强，另一种是以 P_{max} 校准光强；

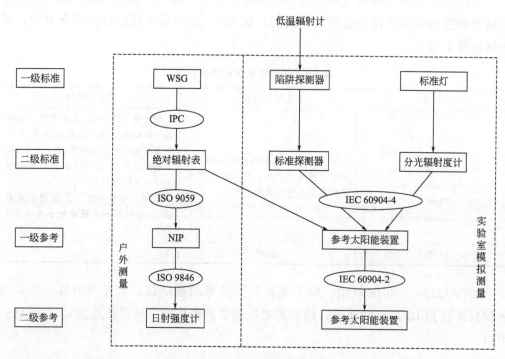

图 4-23 IEC 60904-4：2009 标准规定的参考电池的量值传递方案

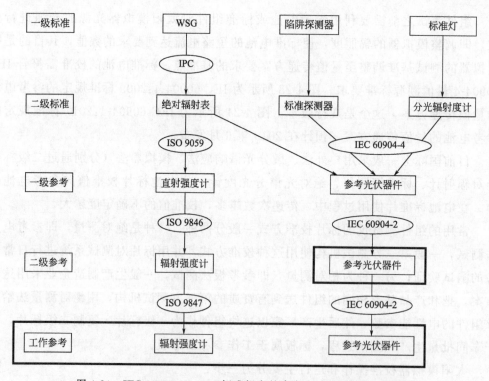

图 4-24 IEC 60904-4：2017 标准规定的参考电池的量值传递方案

（2）测试：光强校准之后，将待测组件正确地摆放到相应的位置上，将组件的正负极端子分别与测试仪的正负极相连，单击测试开始按钮，启动光源，模拟的太阳光线照射到被测组件上，与此同时测试仪内部通过迅速调整组件负载的大小来控制组件的电流变化，得出不同的电流、电压对应值；

（3）计算和给出测试结果：系统内部软件根据这些数据和其他参数（如实测组件温度等）做出整个 I-V 曲线，同时给出最大功率点的电流、电压、功率和填充因子等电性能参数。测试过程中电子负载调整的点越多，测试的 I-V 曲线越精确，但是对设备的性能要求也越高，同时测试时间会变长，一般选择脉冲宽度在 80ms 以上的瞬态模拟器测试。

在操作过程中注意以下几点：

（1）测试人员避免直视光源，以免伤害眼睛，根据需要选择佩戴防护眼镜；

（2）测试台面干净、无灰层、无异物、无遮挡物，接地线连接完好；

（3）测试仪引线夹具应与组件接线端子可靠接触，尽量减少接触电阻；

（4）对测试仪光照区、光强参考电池和标准电池组件进行擦拭，使其保持清洁，同时质量管理人员核对测试仪设置的温度补偿值是否与标片的温度补偿系数匹配；

（5）待测样品温度足够稳定，一般控制在 （25±2）℃；

（6）测试环境相对密封，不受太阳光等其他光线的影响，测试区域没有大的气流波动。

4.2.2 隐裂测试仪

组件内部的太阳电池经过焊接、叠层、层压、装框等操作和流转过程，不可避免地会产生一定的破片、微小裂纹或断栅现象，而且太阳电池本身可能也会出现暗片和"黑心片"。除了破片，其他缺陷都是无法用肉眼直接观察到的，这些缺陷对组件的长期可靠性有着很大影响，因此需要在制造过程中加以检测并控制。通过隐裂测试仪可以检测出太阳电池是否存在一些外观缺陷，如微小裂纹、暗片等。目前光伏行业的隐裂测试仪有两种，一种是光致发光（Photoluminescence，简称 PL）式，一种是电致发光（Electroluminescence，简称 EL）式。

PL 是半导体材料的一种发光现象，半导体中的电子吸收外界光子后被激发，处于激发态的电子是不稳定的，在向较低的能级跃迁的过程中会以光辐射的形式释放出能量。PL 测试仪使用激发光源照射组件，使电池内部的电子辐射出光线，然后通过 CCD 相机捕捉光线，拍摄出组件内部电池的图像，并将拍到的图像与标片图像比较，从而发现组件内部的微观缺陷。PL 测试仪示意图见图 4-25。

EL 通过对电池施加正向偏压，使少数载流子注入到 p 区或 n 区，这些注入的少数载流子会通过直接或间接的途径与多数载流子复合，产生自发辐射。EL 测试仪将这些辐射光线传到其 CCD 相机，拍摄出组件内部电池图像，根据图像发现组件内部电池的微观缺陷，EL 测试仪的示意图如图 4-26 所示。

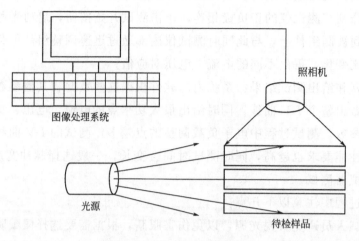

图 4-25　PL 测试仪示意图

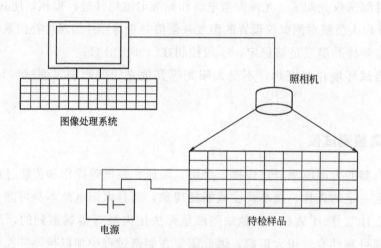

图 4-26　EL 测试仪示意图

目前组件生产过程中主要采用 EL 测试仪进行缺陷检测，EL 测试仪通常要求 CCD 相机像素大于 500 万，测试时间小于 25 秒，并具备条码水印图像、自动连续测试功能，同时要求测试电流可调，以实现在高、低电流状态下测试组件和电池的 EL 图像，再根据电脑里的 EL 判断标准自动识别电池的 EL 等级。拍照系统包括带冷却功能的 CCD 相机、带通信卡和备用硬盘的 PC、带通信接口的可控多输出恒流源、通信模块等。拍照系统的软件组成主要包括 CCD 相机的拍照软件及图片处理软件（进行不同电流条件下的曝光时间及增益调整）、PC 的操作系统、控制软件等。

设备的运行流程：组件首先进行归正定位，输送至测试镜头上方，连接组件和 EL 测试仪，通电测试，CCD 相机获取整个组件的图像，经软件处理后在 PC 上显示图像，然后根据每片电池的图像判断是否存在不良现象，从而判断组件的等级。

组件 EL 行业标准和 Semi 国际标准把可以通过检测发现的电池缺陷分成形状类、位置类、亮度类三大类，形状类缺陷主要包括电池的微裂纹、裂片、黑斑、绒丝、网络片、刮伤、同心圆等；位置类缺陷主要包括电池的栅线断栅、四周黑边、角落黑角等；亮度类缺陷主要指不同电池串联在一起失配后电池亮度不均匀，以及由于电池工艺或者虚焊、过焊等原因引起的某一片电池的亮度不均匀，或短路引起的黑片等。

1. 形状类

（1）贯穿性微裂纹　此类微裂纹走向与焊带平行，从电池的一个边缘延伸到另一个边缘（图 4-27）。

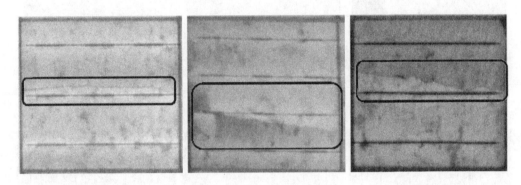

图 4-27　贯穿性微裂纹

（2）非贯穿性微裂纹　指从电池边缘或电池内部开始，在电池内部延伸并结束的裂纹（图 4-28）。

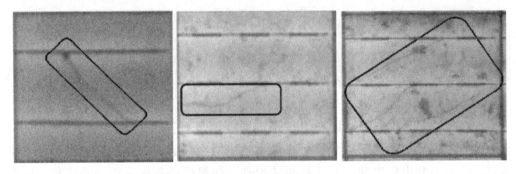

图 4-28　非贯穿性微裂纹

（3）裂片　电池上的局部区域已经与整个电池发生分离（图 4-29）。

（4）黑斑　分布在电池上的不规则黑色斑状区域，严重的整个电池都是黑色的，俗称"黑心片"（图 4-30）。

2. 位置类

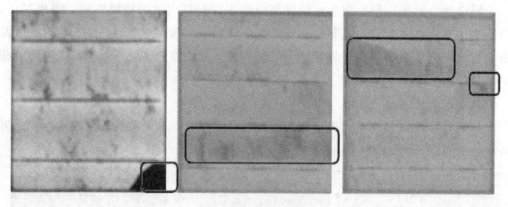

图 4-29　电池裂片

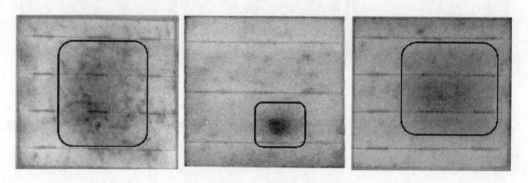

图 4-30　电池黑斑

(1) 黑边　电池的边缘出现黑色区域（图 4-31）。

(2) 黑角　电池的一个或多个角落出现黑色区域（图 4-32）。

3. 亮度类

(1) 电池之间的失配　同一组件中不同电池呈现不同的亮度（图 4-33）。一般是因为在一块组件内不同效率等级的电池串联在一起，电池之间的电性能参数不同，从而引起串联失配。对于这类的组件，如果明暗程度在施加高电流（一般为组件的短路电流，约 8~9A，模拟强光照射）时差异不明显，则可以通过施加低电流（如 1A，模拟弱光照射）轻易分辨出组件内部各个电池的差异，见图 4-34。

(2) 亮斑　因电池局部过焊引起的分布在焊带两边的明亮区域，是电流分布不均的表现（图 4-35）。

图 4-31 电池黑边

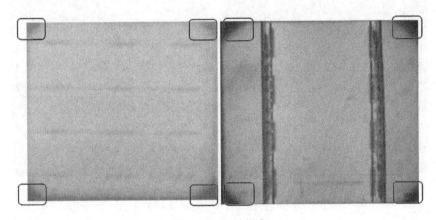

图 4-32 电池黑角

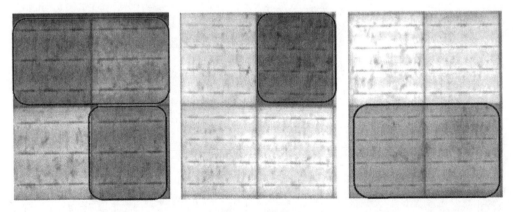

图 4-33 电池失配

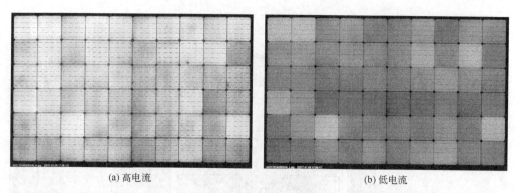

(a) 高电流　　　　　　　　　　　　(b) 低电流

图 4-34　组件在不同测试电流下的 EL 图像

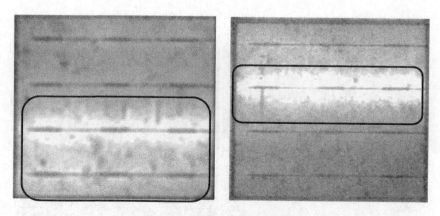

图 4-35　局部过焊引起的亮斑

第 5 章

光伏组件生产工艺

晶体硅光伏组件生产工艺的研究始于 20 世纪 70 年代,从 20 世纪 80 年代起才逐步发展与成熟起来。早期的组件生产工艺自动化程度非常低,主要依赖手工操作。自 2005 年开始,得益于自动化生产装备的进步,光伏组件生产工艺得到了质的提升,生产成本大幅下降,光伏组件产能得到快速扩张。无论采用自动生产还是手工生产,其检验标准和目的都是相同的,都是为了生产出合格的组件。本章主要光伏组件主要生产步骤以及有关注意事项。

5.1 常规生产工艺

晶体硅光伏组件常规生产工艺流程如图 5-1 所示。

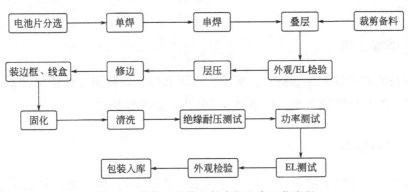

图 5-1 晶体硅光伏组件常规生产工艺流程

在整个工艺流程中,电池的焊接和层压是最关键的两个工序,它们直接影响光伏组件的成品率、输出功率和可靠性。电池虚焊、过焊容易导致光伏组件在后期的热循环试验中产生电池隐裂,甚至功率下降。此外,层压过程的真空度、温度和时间参数的选择对 EVA 的交联度、组件电学性能以及组件外观都有决定性的影响。

5.1.1 电池分选

单片电池分选是晶体硅光伏组件生产的第一步，原则上只有电学、光学性能一致的晶体硅电池才能串联在一起。

5.1.1.1 分选要点

电池分选的主要目的是剔除有缺陷的电池，同时保证同一组件内的所有电池性能一致，且没有色差。分选时应注意以下几个要点：

（1）对每片电池都要进行外观检查，挑出有崩边、缺角、脏污等的不良电池；

（2）根据颜色封样对每片电池的颜色进行比对，避免一块组件中电池之间有色差；

（3）对每片电池按照功率、电流档位、类型及厂商进行分档，保证同一块组件中使用的电池性能一致；

（4）对每块组件进行序列号绑定和流转单跟踪，并记录该组件的材料信息、生产过程信息，以方便后续质量控制和跟踪。现在一般都采用 MES（Manufacturing Execution System）软件实现这个功能。

5.1.1.2 所需物件

所需物件主要有电池、序列号标签、流转单、手套、指套、固定胶带、电脑、扫描枪等。

5.1.1.3 准备工作

操作人员需穿戴防静电服装、帽子、口罩和指套，特别要保证头发不外露。此外要保持工作台的整洁卫生，严格遵守 5S 卫生管理制度。

5.1.1.4 作业程序

首先轻轻划开电池包装，小心取出电池，见图 5-2。按照组件外观检验标准对电池外观进行检验。然后按照产品特性，根据每块组件所需要的电池数量进行分选，如 60 片或者 72 片为一个单元，分别对应 60 片组件和 72 片组件。分配序列号（一般是采用条形码），填写流转单，通常每块组件需打印三个相同的序列号标签，分别贴在流转单上、组件内部（永久标识）、组件背板面，方便不同流转站点扫描。扫描序列号到电脑中，并且输入电池信息，如厂家、型号、效率档位及批次等。最后与对应的流转单一起，摆放到周转箱中或者放到流水线上，进入单焊

图 5-2 取出电池

工序。

5.1.1.5 注意事项

(1) 接触电池前必须戴防静电橡胶手套或指套，严禁裸手操作，以免造成电池表面污染；

(2) 电池要轻拿轻放，严禁扔砸，破损电池用胶带粘贴好以示区别，之后需存放到指定区域，此时需要一片相同等级的电池进行替代。总之，在同一块组件里面的每片电池的档位要相同（一般会按照电池的效率和电流分成不同的档位），一般来说，不同档位的电池不能混放在一块组件中，除非技术工艺有特殊规定。

5.1.2 单焊

单焊是指单片电池焊接，目的是将电池与涂锡铜带连接在一起，以准备与其他电池焊接。焊接所需材料主要包括太阳电池、涂锡铜带（互连条）和助焊剂，所用的工具主要包括单焊加热台、单焊工装和恒温电烙铁，此外还需辅助工具如点温计、电池周转盒及电池隔离垫、指套、无尘布等。

5.1.2.1 准备工作

(1) 操作人员需穿戴防静电服、帽子、口罩和指套，保证头发不外露；

(2) 保持工作台的整洁，严格遵守 5S 卫生管理制度；

(3) 浸泡互连条。穿戴好工作服、乳胶防护手套以及活性炭口罩等。在浸泡盒内倒入助焊剂（用量一般不超过浸泡盒容积的 1/2），pH 值为 4~5，然后将涂锡铜带平铺在浸泡盒底部，保证全部浸入助焊剂后，盖上盒盖浸泡 3~5 分钟。之后要取出晾干，通常需要使用专用的具有良好通风效果的烘干设备，一方面用于排除助焊剂的味道，另一方面可以快速晾干焊带；

（4）打开单焊加热台，单焊加热台温度设置为（60±10）℃；

（5）设置电烙铁温度，根据不同烙铁和电池性能，一般设置温度为（350±15）℃。具体根据每个员工的操作手法和烙铁性能等确定，每个烙铁设定好固定温度后，用点温计测量烙铁温度，精度要求±2℃，需每 6 小时测量一次并记录。

5.1.2.2 作业程序

（1）焊接前对整块组件的电池进行目视检查，主要检查缺角、崩边和破片，然后取单片电池，检验外观后放置于单焊台上，取互连条放置于电池上（一般互连条需提前根据电池尺寸、电池间距预制准备）；

（2）如图 5-3 所示，将互连条对准电池主栅线放好，轻压住互连条及电池，烙铁头充分贴紧互连条表面，从互连条起点平稳焊接，按每条主栅线 2~3 秒的速度平稳、匀速地一次焊接完成。互连条起焊位置一般为电池细栅线的第 2 根或者第 3 根处，收尾处保证 3~5mm 不焊接，并注意防止收尾处堆锡；

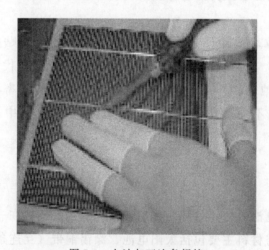

图 5-3　电池与互连条焊接

（3）如图 5-4 所示，检查焊接情况，即检查有无脱焊、虚焊、堆锡、锡钉及脏污。合格的焊接互连条表面光亮、无锡珠和毛刺，且互连条均匀、平直地焊在主栅线上，焊带与电池主栅线的错位不超过 0.5mm。焊接完成经检测合格之后放入周转盒中，自检不合格的必须返工；

（4）如图 5-5 所示，每 10 片或 12 片（每串需要的电池数量）放置在一张泡沫隔离垫片上，方便后面串焊时取用；

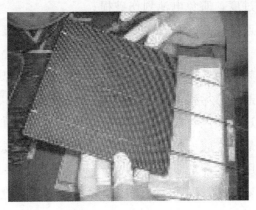

图 5-4 焊接效果自检

图 5-5 焊接后放置待用

（5）一块组件的电池焊接完成后，在流转单上记录相关信息，如互连条批次、操作人员、焊接时间等。用无尘布及时清理作业台面如锡珠和异物等，才能开始下一块组件电池的焊接。

5.1.2.3 检验要求

（1）除了焊接外观检验外，还需要进行焊接效果的检查，保证没有出现虚焊、过焊。具体检测方法为：以 100mm/分钟的速度，沿 180°的方向进行焊接拉力的测试，焊接拉力一般要求高于 1N/mm。根据主栅线的宽度计算拉力值；

（2）每 6 小时进行电烙铁温度的点检，如果不符合要求，及时通知技术人员；

（3）每 6 小时进行助焊剂 pH 值测试。

5.1.2.4 注意事项

（1）电池要轻拿轻放，操作过程严禁裸手接触，焊接时轻压住互连条及电池，烙铁头下压不得用力过度，避免电池划伤破损；

（2）浸泡后的互连条需在 6 小时内使用，超过 6 小时需要重新浸泡，否则会影响焊接效果；

（3）助焊剂更换频次为 24 小时，更换时将浸泡盒内助焊剂倒入废助焊剂回收桶内并清洗浸泡盒（避免污垢残留），再倒入正常未使用过的助焊剂；

（4）助焊剂使用过程要注意安全，禁止裸手接触助焊剂和互连条，同时要保证通风。皮肤接触助焊剂后，应用大量清水冲洗，避免引发皮肤不适等症状。助焊剂溅入眼睛时，要立刻用清水冲洗眼睛至少 15 分钟，并尽快采取医疗措施。如果不慎摄入口中，切记不要催吐，以防吸入呼吸道系统，引起支气管炎和肺部水肿，应尽快采取医疗措施；

（5）返工时，助焊剂不可直接倒在电池上，可用医用针管类的工具将助焊剂涂在需要返工的互连条上。

5.1.3 串焊

串焊是指将若干数量的电池串联焊接成一个单元，通常是 10 片或者 12 片为一串的。所需材料主要有单焊好的电池、互连条和助焊剂。所需要的专用工具包括串焊工装、串焊模板、恒温电烙铁、点温计、串焊周转托盘、吸盘及吸嘴、指套、无尘布及周转盒等。

5.1.3.1 准备工作

（1）操作人员需穿戴防静电服、帽子、口罩和指套，保证头发不外露；

（2）保持工作台的整洁，严格遵守 5S 卫生管理制度；

（3）打开串焊加热台，加热台温度（75±5）℃，将串焊模板放置在加热台上预热；

（4）设置烙铁温度：根据不同烙铁和不同电池的特性设置温度，一般设置温度为（375±15）℃，具体根据每个员工的操作手法和烙铁性能等确定。烙铁设定好固定温度后，用点温计测量烙铁温度，精度要求为±2℃，每 6 小时测量一次并记录。

5.1.3.2 作业程序

（1）如图 5-6 所示，进行电池的摆放。按照每串数量要求，将电池依次放入焊接模板相应位置，摆放需要一次到位；

（2）先焊第一片电池背面的背电极引出线，然后依次将上一片电池留出的正面互连，如图 5-7 所示。按每根背电极 2~3 秒的速度匀速平稳地一次完成，一串焊接完成后，目测自检，不合格的进行返工，然后将合格的电池串转移到周转托盘，一般采用图5-8所示的吸盘进行转移。在吸出电池串的时候，可以检查整串的焊接情况；

(3) 检查和清理串焊模板，重复以上步骤，完成其他5串电池的焊接和放置，本

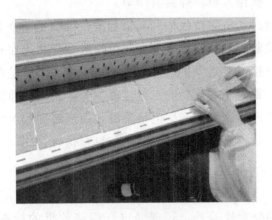

图5-6 串焊摆片

图5-7 串焊焊接

图5-8 串焊后吸串

书介绍的是60片电池（6串×10片）的光伏组件，具体串数应根据产品要求而定。放置电池串时要注意正、负极标识与周转模板上标识对应，电池串与电池串之间在长度方向错开20~30mm，以方便后面叠层时进行摆串。在流转单上记录相关信息，如互连条批次、操作人员及焊接时间等；

（4）清理作业台面，将隔垫收集到隔垫盒里，继续下一个电池串的焊接；

（5）所需要的检验要求和注意事项，与单片电池焊接工序相同。

应该注意的是焊接工艺是光伏组件加工的第一步，不管是单片电池焊接还是电池串之间串联焊接，都是至关重要的工艺过程。焊接不良会导致虚焊、过焊，将会使光伏组件在后期热循环试验中产生电池隐裂，而最终导致组件功率下降甚至产品报废，所以所有操作过程必须要严格按照工艺流程执行。

5.1.3.3 检验要求

（1）除了焊接的外观检验外，还需要进行焊接效果的检查，保证没有出现虚焊、过焊、焊接偏移等，并按照相关要求进行焊接拉力测试。

（2）首次焊接时检查电池间距、电池串长度、电池首片和尾片互连条伸出长度、电池背面互连条焊带收尾位置。

5.1.3.4 注意事项

（1）电池要轻拿轻放，操作过程严禁裸手接触，焊接时轻压住互连条及电池，烙铁头下压不得用力过度，避免电池划伤破损；

（2）返工时，助焊剂不可直接倒在电池上。同一个组件中，只允许使用同一颜色和同一效率级别的电池；

（3）注意不同等级或不同色差的电池不要混放在同一个周转盒内；

（4）每焊完一块组件，将串焊模板立起，清理残留的锡丝和锡渣等。

5.1.4 叠层

叠层的目的是将一定数量的电池串串连成一个电路并引出正、负电极，并将电池串、背板、EVA和玻璃按照一定顺序进行叠放。所需材料主要有电池串、超白钢化玻璃、EVA、背板、耐高温胶带、汇流条（材质同互连条，宽度一般为5~8mm）、序列号标签、EVA隔离方块、隔离长条（一般为TPT或EPE）等，辅助材料为美纹胶带。所需设备工具主要有叠层台（配有模拟太阳光的灯源，并具备电流检测功能）、叠层模板、恒温烙铁台、斜口钳、剪刀、镊子及吸尘器等。

5.1.4.1 准备工作

（1）清洁超白玻璃；

(2) 裁剪好 EVA 和背板；

(3) 设置电烙铁温度为 (385±15)℃，并进行温度测量；

(4) 操作人员穿戴防静电服以及帽子、口罩和指套，头发不外露；

(5) 保持工作台的整洁，严格遵守 5S 卫生管理制度。

5.1.4.2 作业程序

(1) 放置与检查玻璃。一般需要 2 人同时将超白玻璃（绒面向上）抬至叠层台上，然后在光照下进行玻璃外观检查（气泡、划痕、脏污等）；

(2) 铺设前 EVA。将 EVA 绒面向上（绒面对着电池，有利于层压中排气）铺在玻璃上，用手抚平 EVA，检查 EVA 有无灰尘、异物、缺损及脏污等，在头尾部放置叠层模板。模板与玻璃边缘对齐，如图 5-9 所示；

(3) 摆放电池串。按照模板上的正、负极位置，用吸盘吸取电池串，正确摆放 6 串电池串的位置，如图 5-10 所示。按照模板标识，两人配合调整电池串之间的距离，并通过胶带固定。定位后用长度为 2~3cm 的耐高温胶带在规定的位置粘贴好，防止层压过程电池串移位（耐高温胶带需要进行评估，数量尽量少用，如果能够不用是最好的）；

(4) 汇流条和引出线焊接。按照图纸要求，用汇流条连接相应的电池串，并且连接 4 根引出线；

图 5-9　铺玻璃、EVA 和模板

图 5-10　摆放电池串

(5) 隔离长条和隔离 EVA 放置。在汇流条重叠的地方以及 4 根引出线与电池之间放置隔离 EVA 和隔离长条 EPE，如图 5-11 所示。同时将序列号标签贴在隔离长条或汇流条上；

图 5-11 放置隔离长条 EPE

(6) 铺设后 EVA。将 EVA 绒面向下对着电池平整铺好；

(7) 铺设背板。背板与 EVA 复合的那一面要朝下，盖在 EVA 上，注意背板开孔处和 EVA 开孔处重合，如图 5-12 所示；

图 5-12 铺背板穿引出线

(8) 从开孔处引出汇流条，检查汇流条引出位置到玻璃边沿的距离是否正确，在背板面指定位置贴一个序列号标签；

(9) 测量电压值。用测试工装连接第一和第四根引出线（正极和负极引出线），测试电压值，检查是否符合要求，记录电压值，如图 5-13 所示，如果发现异常要及时通知工艺人员；

(10) 在背板上用美纹纸固定引出线；

(11) 记录玻璃、EVA、背板等信息，将流转单贴在背板上，将叠层件搬运到待层压周转架上；

(12) 清理工作台，进行下一个叠层的准备。

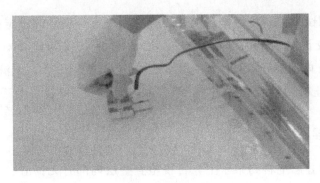

图 5-13 电压初测

5.1.4.3 检验要求

(1) 电池间距、电池串间距、电池和汇流条离玻璃边沿距离以及引出线位置等都需要符合叠层图纸的要求;

(2) 电池串间的高温定位胶带长度控制在 2~3cm，胶带不能粘到互连条上;

(3) 注意背板的正反面，与 EVA 的复合面要朝着电池，空气面朝外;

(4) 叠层内部电池片没有破片、缺角，电池焊接没有偏移，组件内没有异物，如毛发、纸屑、锡渣、电池碎渣等;

(5) 使用的 EVA、背板无破损脏污。

5.1.4.4 注意事项

(1) EVA 裸露在空气中的时间（从裁剪到进入层压机的时间）不得超过 12 小时;

(2) 背板裸露在空气中的时间（从裁剪到进入层压机的时间）不得超过 24 小时;

(3) 环境温度范围为 5~30℃，湿度小于 70%RH;

(4) 每 6 小时对烙铁的焊接温度进行点检。

5.1.5 EL 检查和外观检查

利用 EL 对叠层的每片电池进行检查，看是否存在隐裂、虚焊、暗片、破片、死片及黑心片等，EL 设备的具体介绍可参见本书 4.2.2。如果层压前进行监控，可以很大程度地避免层压后有不良产品产生，提高良品率。

所需物件：叠层好的组件、隐裂测试仪、扫描枪、电脑、照明灯及菲林尺等。

5.1.5.1 准备工作

(1) 穿戴防静电服、帽子、口罩，保证头发不外露，开始工作前进行 5S 检查以及设备点检；

(2) 开启测试软件，检查电压值是否符合对应组件型号的设定范围值，如不符合要通知工艺及设备工程师排查解决。以沛德测试仪为例，对于 6 串×10 片 156mm×156mm 电池的光伏组件，一般电压设置为 (50 ± 5)V，电流为 (8 ± 0.5)A，曝光时间为 (5 ± 0.5) 秒。

5.1.5.2 作业程序

(1) 电池串叠层上料到架子上，目视检查叠层内部有无锡渣、头发等异物；
(2) 记录或者扫描序列号，通电测试 EL，如图 5-14 所示；

图 5-14 叠层组件 EL 测试

(3) 根据电脑屏幕显示的图像，按照判断标准（参考本书附录 2），判断 EL 检测是否合格，如合格即可进入下一道工序，否则进入返工台。

EL 隐裂测试是一道重要的工序。隐裂会对光伏组件功率产生严重影响，而且隐裂在光伏组件运输、安装使用过程中会有继续扩大的风险，所以组件中要避免出现电池隐裂的情况。

5.1.5.3 检验要求

(1) 组件内无异物脏污，电池无破片，焊带无焊偏和缺失，所有电池的颜色均匀一致，没有明显色差；
(2) 电池串间距、片间距、电池和头尾汇流条到边距离符合要求；
(3) 背板无划伤破损，组件序号清晰可识别；
(4) 组件 EL 测试：无隐裂，无破片；黑心、云片、断栅的面积和电池数量应符合要求；无空焊、无死片，电池间无明显的明暗对比。

具体检验要求：外观参考附录 1；EL 标准参考附录 2。EL 相机像素配置最好达到 500 万像素以上，以保证得到比较清晰的图像，缺陷容易被识别，能够取得良好的 EL 检测效果。

5.1.5.4 注意事项

(1) 组件搬运时动作要平缓,防止电池串整体移位,搬运时手不能压到电池;

(2) 检验时将组件中所有异常现象检出,并标识清楚位置和不良类型,送到返工处;

(3) 所有返工的组件都要重新检验外观和 EL 测试后才能层压。

5.1.6 层压工艺

层压是在一定的温度、压力和真空条件下,使电池串叠层的各个材料粘接融合在一起,从而对电池形成有效的保护。层压过程的真空度、温度、时间等参数的选择设置对 EVA 的交联度、剥离强度以及外观都有决定性的影响,而交联度和剥离强度是影响组件长期可靠性的重要因素。

5.1.6.1 准备工作

(1) 穿戴好工作衣、帽、鞋及专用棉手套,做好岗位 5S 准备工作,按层压机操作规范检查设备,确认层压机上室硅胶毯平整、无破损,层压机聚四氟乙烯高温布无断裂、破损、皱褶等现象;

(2) 检查加热系统、真空泵的各个开关是否开启;

(3) 用长杆点温计进行层压机热板的温度测量,如图 5-15 所示。一般至少测量 9 个点,位置如图 5-16 所示。要求每个点的温度与设定值之间的差异符合工艺要求;

(4) 确认层压参数,包括设定温度、抽真空时间、层压时间及压力值等,确认后进行记录,不同的品牌型号的 EVA 的层压参数不同,要注意区分;

(5) 配备几把磨好的削边刀,保证一次性削边后组件边沿无 EVA 残留和毛刺。注意定期更换削边刀。

图 5-15 层压机点温测量

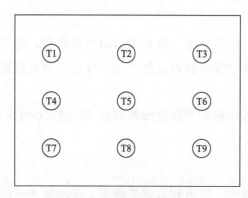

图 5-16 层压点温位置示意图

5.1.6.2 作业程序

以一次层压 4 块组件的层压方式为例,操作程序如下。

(1) 在层压机上料台上铺一张聚四氟乙烯高温布,如图 5-17 所示。居中放置 4 块待压层压件,层压件之间的间距最少保持 2cm,完成后录入组件 MES 信息;

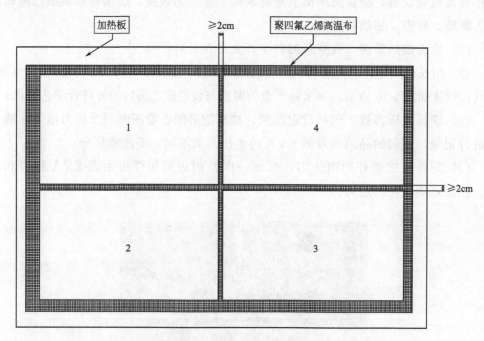

图 5-17 层压件上料示意图

(2) 在层压件表面再盖上一张聚四氟乙烯高温布,单击计算机层压软件界面上的"进料/运行"按钮,开始进料;进料到层压机内部指定位置后合盖,此过程时间越短越好,应控制在 30 秒内完成。合盖之后观察真空表,需在 120 秒内真空度达到 100Pa 以下；

（3）层压结束，从层压机出料后在出料台上掀去上盖聚四氟乙烯高温布，组件冷却 5 分钟以上，然后将其传输到削边台；

（4）用削边刀依次削去超出玻璃四边的 EVA 和背板材料，保证层压件四边没有 EVA 残留和毛刺。

5.1.6.3 检验要求

（1）在层压机停机后复机、更换 EVA 种类或厂家、待机时间超过 2 小时、层压参数更换等四种情况下，必须先进行 1～2 次空循环，然后只放 1 块层压件进行首压，层压结束出料后进行外观检查，留样 EVA 进行交联度测试，然后才可进行第二次层压，第二次层压可以放置 2 块层压件，合格后即可进行正常层压；

（2）每班开班应点检一次层压机热板温度（一般 9 个点以上），记录测量值，实测温度与设定温度的误差一般要求在 $-1～+2℃$，若超过该范围，则应该停止层压，并通知有关人员进行设备、工艺处理；

（3）交联度检测时可采用二甲苯测试，交联率一般要求在 75%～90%。通常情况下，抽样频次为每台层压机每 12 小时送样一次，每组样品 2 个，一个测试一个备用。当出现（1）中所述的情况时，都需要留样测试；

（4）EVA 和玻璃的剥离强度测试。用当天生产使用的 EVA、背板和玻璃制作样品，和正常组件一起层压，测试 EVA 与玻璃、EVA 与背板的剥离强度，要求不低于 40N/cm，抽样频次一般为每台机每 24 小时一次，当出现（1）中的 4 种情况时，都需要制样测试。

5.1.6.4 注意事项

（1）削边刀片使用过程中要注意安全，并定期更换刀片，保证削边效果；

（2）严格按照层压机操作规范操作，防止烫伤和层压机上盖压到手等事故发生；

（3）层压是组件工艺中最关键的一个工序，层压过程中的温度和真空度对组件的性能起着决定性的作用，因此要保证层压机温度的均匀性和稳定性，保证下室在最短的时间内达到真空要求（100Pa 以下），要严格遵守层压机的维护保养规定。

5.1.7 装铝边框与接线盒

层压件须装配铝边框，保证组件边沿密封，并具有较强的机械性能，易于搬运和实际安装使用；从质量可靠性的角度考虑，装铝边框时，型材内部的硅胶需饱满均匀，尽可能充满空隙，以防止后续使用过程中积水，造成组件边沿脱层，引起湿漏电等问题。另外，需要将组件背板的引出线连接到接线盒里对应的正负极，并且把接线盒粘接在背板上，这个过程需要保证接线盒特别是引出线的密封。

所需部件有层压件、铝边框、边框硅胶、接线盒、接线盒粘接硅胶及接线盒灌封胶（一般为 AB 组分）等。辅助材料包括组件隔离垫块、抹布、美纹纸、AB 胶混合管及锡丝等。所需设备工装有边框打胶机、自动装框机、接线盒打胶机、AB 胶自动灌胶机、恒温烙铁、气动胶枪、接线盒工装、卷尺、塞规、镊子及美工刀片等。

5.1.7.1 准备工作

（1）工作时必须穿工作衣、安全鞋，戴安全帽。清洁整理台面，做好 5S 工作；

（2）检查边框打胶机、装框机、接线盒打胶机、AB 组分自动灌胶机是否正常运行；

（3）检查烙铁等小件工装，烙铁头采用 5C 或 6C 型号，设定温度为（400±15）℃；

（4）已经打好硅胶的铝边框型材，打好硅胶的接线盒。

5.1.7.2 作业程序

（1）铝边框组装　完成削边的层压件流转至自动装框机上，流水线机器夹具自动夹取打完边框胶的边框，放置在装框机对应的位置，然后装框机自动进行组件装框，这是针对角码型材的组装工艺，如果是用螺丝装框，则一般只能手工操作；

（2）安装接线盒　组件在装框结束后会流至接线盒安装工位，用定位工装安装接线盒，用力要合适，接线盒底部四周的硅胶均匀溢出 2mm 以上；

（3）引出线焊接　将汇流条引出线焊接到接线盒的对应位置；

（4）灌胶　将灌胶枪头对准接线盒灌胶区域的中心，按下启动开关，AB 胶自动按照设定好的程序灌装完毕；

（5）记录相关信息，流入下道工序，进行固化。

5.1.7.3 检验要求

（1）型材内部打胶量要根据型材腔体尺寸和层压件的厚度来计算，保证装配间隙被硅胶填充密封，然后通过自动打胶机的程序设定打胶量。可以通过称量型材的重量等手段来检验打胶量；

（2）对装好边框的组件进行尺寸抽查，要求短边框弯曲度 $|BF-AG|$ ≤1.5mm，长边框弯曲度 $|HD-AC|$ ≤2.0mm，对角线差异 $|AE-CG|$ ＜4.0mm，如图 5-18 与图 5-19 所示。同时，长短型材的拼缝处高低差≤0.8mm；

图 5-18　组件尺寸测量

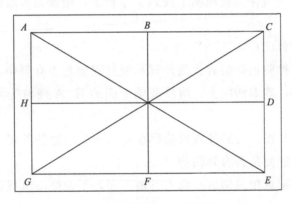

图 5-19　组件尺寸测量示意

（3）粘接接线盒的硅胶需要沿着接线盒背面的密封轨迹均匀打满，不能有断胶和漏胶点，接线盒安装固化后，必须保证安全密封；

（4）接线盒离组件长边和短边的距离应符合图纸设计要求；

（5）汇流条长度要和焊接点尺寸匹配，不能过长或过短，要求每根汇流条的焊接时间在 3 秒以上，整个焊点需包裹汇流条，不允许有空焊、虚焊；

（6）接线盒的 A、B 组分胶要严格按照配比设定，灌装后检查外观，外观必须饱满，接线盒盒体内不允许有带电体裸露、气泡和孔洞等现象。

5.1.7.4　注意事项

（1）打好硅胶的型材和接线盒需要在规定的时间内安装完毕；

（2）焊接过程中不能损伤背板；

（3）每个托盘堆放的组件一般不超过 20 块，可以错开放置，以减少固化时间。

5.1.8 固化与清洗

装完框的组件经过一段时间的放置后，硅胶初步固化，然后再进行下一步工序，对组件进行清洗。清洗所需材料：酒精、抹布、锉刀、环氧板及尼龙刷等。

5.1.8.1 准备工作

（1）穿戴工作衣、帽、鞋及棉手套，做好工作区域的 5S 工作；

（2）一般固化房温度设定为 20~28℃，湿度设定为 RH60%~80%，固化时间 4 小时以上。如果湿度偏低，就需要延长固化时间。组件固化好后才可以进行搬运。

5.1.8.2 作业程序

（1）将固化好的组件背板面朝上放到工作台上，用锉刀对组件型材拼角的 4 个角进行打磨；

（2）清洗组件背面；

（3）按照外观检验条款检查背板外观和型材表面是否有划伤；

（4）翻转组件，玻璃面向上，清洗玻璃表面的 EVA 残留等异物，刮去型材边沿的硅胶；

（5）正面外观检查。按照外观检验标准检查每片电池的外观、颜色、组件内部是否有异物及玻璃表面是否有划伤等；

（6）对合格品记录相关信息，流入下道工序，不合格品执行返工程序。

5.1.8.3 注意事项

（1）组件翻转操作要注意安全，一定要 2 个人操作；

（2）酒精存放要注意安全，采用专用的防爆柜，使用过程中也尽量不要接触皮肤；

（3）工作环境特别是检验外观要保证合适的灯光。

5.1.9 耐压绝缘测试

该工序主要按照 IEC 61215 和 IEC 61730 的耐压绝缘及接地测试要求检验组件的整体绝缘性能和边框接地性能。所需物件包括待测组件、耐压绝缘测试仪及绝缘手套等。

5.1.9.1 准备工作

（1）清洁工作场所、测试仪器，并做好 5S 卫生，确认绝缘垫清洁、干燥；

(2) 每班开班测试前，将设备正、负极连线断开测试，若机器报警，则设备异常，需进行检修；若机器不报警，再将正、负极连线短接测试，若机器报警，则设备正常，若不报警，则设备异常，要通知相关人员进行检修。可使用标准电阻对设备测试的准确性做进一步检验；

(3) 打开耐压测试仪电源，进行自检，确定仪器正常，参数设定正确。

5.1.9.2 作业程序

(1) 两人将待测组件抬上测试台；

(2) 按图 5-20 所示进行组件绝缘耐压测试的连线。组件的正负极短接，连接耐压测试仪的正极，耐压测试仪的负极连接组件型材的安装孔，要确保和型材安装孔的内壁非阳极氧化区域连接可靠；

图 5-20 组件绝缘耐压测试连线

(3) 按下测试启动开关进行测试；

(4) 测试完毕，松开测试端子，如合格，则记录信息，流入下一道工序，如测试不合格品，则执行不合格品程序；

(5) 漏电流测试设置：测试模式"Test mode"＝DCW，电压"Voltage"＝3.6kV，升压时间"Ramp time"＝7.5s，延迟时间"Dwell time"＝1.0s，漏电流上限"HI-Limit"＝0.05mA，漏电流下限"Lo-limit"＝0.00mA，连续测试"Connect"＝YES；

绝缘测试设置：测试模式"Test mode"＝IR，电压"Voltage"＝1kV，延迟时间"Dwell time"＝1.0s，绝缘电阻"Resistance"≥500MΩ。连续测试"Connect"＝YES；

接地测试设置：测试模式"Test mode"＝GR，电流"Current"＝38A（根据组件最大过流保护电流确定，约为最大过流保护电流的 2.4～2.6 倍），延迟时间"Dwell time"=2.0s，绝缘电阻"Resistance"<0.1Ω。连续测试"Connect"=No。

整个测试过程操作人员须戴绝缘手套，站立在绝缘垫上。测试时，操作人员身体不可接触组件，以防高压电击，不允许无关人员靠近。

5.1.10 组件功率测试

该工序是在标准测试条件下（即 AM 1.5G，辐照强度=1000W/m²，温度=25℃）测试组件的 I-V 曲线、标定组件的额定功率及电流电压参数，并对组件进行分档。光伏组件的功率参数是表征组件户外发电能力的重要技术指标，一般来说组件在交易时是按照所标定的功率来定价的，因此进行准确的功率测试是保证公司和客户利益的重要环节。组件功率测试所需物件有待测组件、铭牌、太阳能模拟测试仪等。

5.1.10.1 准备工作

（1）清洁工作场所、测试仪器，并做好工作区域的 5S 工作；

（2）按照校准作业指导书对测试仪进行校准，一般按照组件标片的 I_{sc} 进行校准，要确保 I_{sc}、V_{oc}、FF、P_{max} 在规定的范围内。

5.1.10.2 作业程序

（1）两人将组件抬上测试仪，组件正极连接测试仪的正极端子，负极连接测试仪负极端子；

（2）扫描序列号，按下测试开关，开始测试 I-V 曲线，根据显示的最大功率判断组件的功率等级，并将对应的铭牌贴在背板指定位置；

（3）将相关信息记录在流转单上，流入下道工序。

5.1.10.3 检验要求

（1）测试仪所显示的光伏组件的 I-V 曲线没有明显异常，曲线平滑、无明显台阶；

（2）根据设定功率范围判定组件功率等级，一般以 5W 为一档；

（3）环境温度和待测试组件温度保持在 23~27℃，每 2 小时点检一次；

（4）测试仪要定期进行三个指标的检测：①重复性；②光谱匹配性；③辐照均匀性。每个指标都要符合测试仪的既定等级范围，保证功率测试的准确性。一般每个月进行一次检验；

（5）机台停机时间若超过 2 小时，需重新测试，测试前要对机器进行热机工作。灯管要定期进行更换，更换灯管后，需对组件太阳模拟器的光谱、辐照度不均匀性、稳定性进行重新确认。

5.1.10.4 注意事项

（1）灯管达到额定的使用寿命就必须进行更换，并进行设备的校准；

（2）检测人员必须经过培训，严格考核合格后才能上岗；

（3）测试环境需相对密封，避免太阳光等其他光线的影响，测试区应避免较大的气流波动；

（4）每班开线时候、校准时间间隔达到6小时、测试仪软硬件关闭后重启、切换产品类型时，需重新用标片组件对测试仪进行校准。

5.1.11 EL隐裂测试

与层压前的EL测试目的不同，本环节检验的是组件成品。按照层压前EL测试的相关规定和作业程序进行操作。根据检测标准对光伏组件进行等级判定，将图片上传到MES系统中。

5.1.12 外观检查

该工序的目的是将外观不良的组件挑出，进行返修，如无返修价值可降级处理。所需物件为清洗后的组件、检验台、照明灯及菲林尺等。作业程序如下：

（1）如图5-21所示，两人将组件抬放到检验台上，抬组件时注意轻拿轻放。先检查组件背面，重点检验背板有无褶皱、刮伤、破损、脏污，边框胶、线盒胶是否密封良好，检查边框有无变形、刮伤划伤，接线盒和线缆是否有破损，线盒卡接/焊接是否牢固，线盒灌封胶是否完全密封，检验后应将接线盒盖子盖好；

图5-21 组件外观检验

(2) 两人将组件抬起翻过来,将正面朝上,检验正面外观。重点检验电池有无外观缺陷,如破片、崩边、缺角、断栅及脏污等,检验组件内部是否有气泡、脱层、异物等,同时检验组件内电池间距、串间距是否符合要求;

(3) 根据正反面检验记录,按照外观检验标准对组件进行等级判定,并将外观等级及不良信息录入 MES 系统中。检验标准可参考外观检验标准,见本书附录 1。

5.1.13 包装入库

包装的目的是将组件按照产品外观、EL 等级、功率及电流档位等进行分类,将同类产品包装在同一个包装箱内,对产品进行保护,以方便后续的运输。所需物件为光伏组件、包装箱、A4 纸、塑封袋、条码纸、纸护套、碳带、打包带、打包扣及塑料或瓦楞纸护角等。

所用的工具有包装台、打包机、打印机及计算机等。作业步骤如下:

(1) 准备好包装箱,将包装箱居中放置在托盘上;

(2) 将组件抬上包装台,在四个角套上纸护套,将组件条码扫入计算机,MES 软件会根据组件功率、电流、外观及 EL 等级等信息对组件分配一个托盘号,两名操作人员将组件抬入相对应的包装箱内;

(3) 打印组件托盘标签和条码标签,条码标签贴在组件边框侧壁上,托盘标签贴在包装箱外指定位置;

(4) 将组件送到质量检验区进行抽检盖章,检验合格后盖上盖,打好包带,打印功率清单和条码清单,贴在纸箱的指定位置。如图 5-22 所示;

(5) 将组件信息通过 MES 系统输入到仓库系统中,最后将组件送到仓库中等待拼柜出货。

图 5-22 完成打包的纸箱

5.2 其他封装工艺

市场上销售的主流光伏组件一般是通过层压封装工艺生产的，但是根据不同的产品需求以及不同的应用领域，组件生产还可以采用滴胶封装、高压釜封装和灌封封装等形式，下面分别作简要介绍。

5.2.1 滴胶封装

滴胶封装通常采用全自动点胶机进行环氧树脂的灌封（图5-23），一般用于几瓦的小功率组件。小功率组件的尺寸较小，不易采用层压机封装，一般用液态的环氧树脂覆盖太阳电池，再与PCB线路板黏结，然后用烘箱进行烘干。这种生产工艺固化方便，生产速度快，透光性能好，收缩性低，也具有良好的粘接强度，但化学稳定性和耐候性较差，多用于消费类小产品，如草坪灯、庭院灯、玩具飞机、玩具车、太阳能手电筒及太阳能充电器等，而且这类组件的质保要求不高，使用寿命通常只有1~5年。

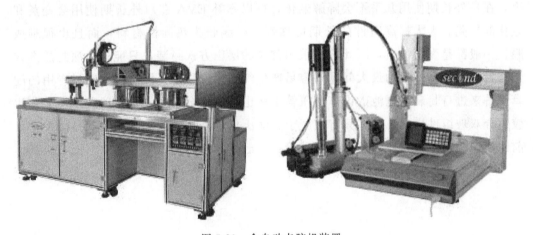

图5-23 全自动点胶机装置

全自动点胶机装置广泛应用于半导体、电子零部件、LCD制造等领域，它的原理是通过压缩空气将密封胶压进与活塞相连的进给管中，当活塞上冲时，活塞室中填满密封胶，当活塞下推时，胶从点胶头压出。全自动点胶机适用于流体点胶，效率远远高于手动点胶机，从点胶的效果来看，产品的品质级别更高。全自动点胶机装置具有三维点胶功能，不但可以走平面上的任意图案，还可以走空间三维图；全自动点胶机带USB接口，各机台之间可传输程序；全自动点胶机还具有真空回吸功能，确保不漏胶、不拉丝。当要点的胶量较大时，可配点胶阀和大容量的压力桶。

5.2.2 高压釜封装

建筑型光伏组件对强度的要求更高,一般要求采用夹胶钢化玻璃,而且单层玻璃厚度要求 5mm 以上,整个组件厚度达到 11mm 以上。封装材料一般需要采用较厚的 PVB 来代替 EVA,以实现较好的抗冲击性能。这种结构的组件,一般尺寸比较大,重量也很大,若在传统的层压机上制备,容易出现气泡、电池移位、边缘密封不良等问题,特别是进料后,玻璃受热容易成弓形,4 个角落非常容易出现气泡和缺胶等不良现象,导致层压良率低,所以一般采用高压釜进行制作。高压釜属高压容器,是生产 PVB 夹胶玻璃的必需设备,也可用于生产较厚的建筑型光伏组件,在制作一些异形光伏组件方面,如有一定弧度的建筑用双玻组件,具有明显优势。高压釜由釜体、釜门、循环风机、加热器、冷却器、电控柜等部分组成,可以完成升温加压、保温保压、降温降压等功能。

5.2.3 硅酮胶灌封

硅酮胶(有机硅胶)化学稳定性好,紫外透过率高,同时还具有很高的电阻率,在户外长期使用几乎不会降解老化,可以弥补 EVA 在户外长期使用会变黄和老化的缺陷,大大提高组件的长期可靠性。硅酮胶为热固性材料,而且也很难成膜,一般都是膏状物质,因此不能采用常规的层压方式封装,只能通过灌封的方式进行封装。灌封方式的最大问题是容易产生气泡、位移等,因此需要通过专用的配套设备来进行封装,电池敷设、层压等工序也都需要全新的设备。这种生产工艺比较适合双玻组件生产,现在只有道康宁、陶氏化学等几家化学公司在进行研发,目前比亚迪和道康宁合作研发了一条试验线,已经开始进行批量生产。

第 6 章

光伏组件认证标准与测试

光伏组件进入市场之前,为了避免在实际应用中出现各种故障与失效情况,必须保证光伏组件结构设计合理、材料选择合理、生产工艺流程合理。光伏组件只有达到相关技术标准的要求,获得认证证书,才允许进入市场。

本章主要介绍光伏组件的总体认证要求、相关技术标准、国内外的检测与认证机构以及光伏组件的性能、安全、可靠性测试的重点测试项目。需要说明的是,光伏组件取得相关检测与认证证书,是对组件性能及其可靠性的最基本要求,因为户外环境复杂多样,不同的环境对组件的影响不同,组件衰减的机理也有所差异,所以对组件的要求也是不同的,这一点需要特别关注。

6.1 光伏产品认证的要求和类型

光伏产品进入市场基本上都要求通过相关的认证,如欧洲的 CE、EN、IEC 认证,中国的 CQC、CGC 认证,北美的 UL 认证等。这些认证通常都需要第三方认证机构在产品检测合格后出具相应的证书。常见的第三方认证机构有 VDE、TÜV 莱茵、TÜV-NORD、TÜV-SUD、CQC、CGC、UL、JET、CSA 等。TÜV 莱茵、UL 等国外认证机构在中国都设有分公司或分支机构。

6.1.1 认证的总体要求

从光伏产品认证的总体要求来看,除了要按照 IEC 61215 等相关标准的技术要求进行型式检验外,还需要对产品生产的质量体系进行现场审核,发放证书后还需要不定期地进行工厂检查和产品监督检查。

1. 型式检验

型式检验是判断产品能否满足产品技术标准的全部可靠性要求所进行的检验。检验用样品可由认证机构的审核组在生产工厂随机抽取,由独立的检验机构依据标准进行检验,所出具的检验结果只对所送样品负责。针对光伏组件可靠性认证的标准体系，目前国际上主要有两种：由国际电工委员会（IEC）主导制定的 IEC 系列标准（如 IEC 61215、IEC 61730）和由美国保险商实验室主导制定的 UL 系列标准（如 UL 1703）。

2. 工厂检查

在对认证产品发放证书之前，除了型式检验，还需要进行工厂检查，检查重点是产品生产过程的质量保证能力。IEC 62941 为光伏行业组件制造商的专用国际质量体系标准，由美国国家可再生能源实验室（NREL）和国际电工委员会以及国际光伏质量保证工作组（PVQAT）的研究人员和专家经过 5 年联合工作完成，于 2016 年 1 月正式发布，成为 ISO 9001 质量文件的补充。该标准对光伏组件从设计、生产到售后服务的整个产品生命周期中各环节的质量和可靠性保证都制定了规范和要求，能够更好地确保光伏组件厂商对产品质量和可靠性的承诺，提高投资者、公用事业部门以及用户对组件产品的信心。目前光伏组件制造商正在积极采用这项新的标准。

3. 监督检查

如何确保获得认证的产品持续符合标准的要求，是认证机构十分关心的问题，定期和不定期地对获得认证的产品进行监督检验，是解决这一问题的措施之一。监督检查的内容包括：

① 初次检查时发现的不合格项和观察项的改进；

② 直接影响产品质量的关键环节的控制有效性；

③ 质量体系的改进是否能保证产品质量要求；

④ 对获准认证的产品，从生产企业的最终产品中或从市场上抽取样品，由认可的独立实验室进行相关检验。

6.1.2 认证的类型

目前针对光伏组件产品的国际认证主要分为两种类型：认证机构测试认证和监管机构注册认证。

6.1.2.1 认证机构测试认证

认证机构测试认证是目前应用最广泛的认证方式，生产企业必须要到产品所销往的国家指定的检测机构申请测试，并获得证书，之后方可在该国顺利销售，典型列举如下。

1. 德国

德国是最早大规模应用光伏发电的国家之一，德国政府目前指定的认证机构是 TÜV（德国技术监督协会），需要指出的是，在德国不止有一家 TÜV，而获得德国政府授权的 TÜV 目前只有四家，分别是 TÜV Nord、TÜV SÜD、TÜV Saarland、TÜV Rheinland，这四家都是盈利性商业机构，虽然它们对光伏产品的认证历史长短不一，但都具有同样的法律地位。其中 TÜV Saarland 于 1997 年被全球最大的检测认证机构 SGS 收购，成为其集团下属的分支机构。

2. 美国

在美国，只有获得 OSHA（美国职业健康与安全管理委员会）授权的 NRTL（国家认可实验室）才有资格对在美国销售和使用的商品进行认证。目前在光伏产品领域获得授权的 NRTL 主要有 UL 美国保险商实验室、ETL 爱迪生电气安全实验室（现在已经被全球第五大检测认证机构 Intertek 收购）和 CSA 集团。

3. 中国

在中国，目前经中国国家认证认可监督管理委员会（CNCA）批准，可以从事光伏产品认证的内资认证机构主要有 5 家：

① 中国质量认证中心（CQC）；
② 北京鉴衡认证中心（CGC）；
③ 中国建材检验认证集团股份有限公司（CTC）；
④ 中国建筑标准设计研究院；
⑤ 上海英格尔认证有限公司。

从 2009 年到 2013 年，国家开展"金太阳工程"的时候推行过"金太阳认证"，后来随着"金太阳工程"的结束，此项认证也被终止。

2015 年，国家能源局、工业和信息化部、国家认监委联合印发《关于促进先进光伏技术产品应用和产业升级的意见》（国能新能〔2015〕194 号）文件，该文件从市场引导作用、产品准入要求、"领跑者"专项计划、财政资金与政府采购支持、检测认证能力提升、工程产品质量管理、全过程技术监测、运行信息统计八个方面提出了具体意见和目标方向，旨在引领我国先进光伏技术产品应用和产业升级，开创我国光伏产业可持续健康发展新格局。对此，国内相关机构也开发出了"领跑者认证"，助力我国光伏技术进步和产业升级。

4. 英国

2010 年 4 月 1 日，英国推出了自己的光伏产品认证体系——MCS 认证。目前可以颁发 MCS 认证的机构有十多家，包括 BABT/TÜV、BRE、BBA、BSI、Intertek、UL International（UK）等。

5. 日本

JET（日本电气安全与环境技术实验室）是日本唯一获得政府授权的认证机构。

6.1.2.2 监管机构注册认证

监管机构注册认证是指提交相关的产品资料给监管机构进行登记和注册的认证方式，有些国家和地区除了要求产品首先得到相关的基础测试认证，还需要在当地进行监管认证，甚至增加一些特殊的测试。典型的有澳大利亚和美国加利福尼亚州。

1. 澳大利亚

对于光伏产品，澳大利亚政府没有指定专门的认证机构，但是要求生产企业必须将产品信息提交到 Clean Energy Council 进行注册。只有进入注册列表的产品才可以在当地顺利销售使用，其注册的前提是相关产品必须通过 IECEE 认可的实验室测试。

2. 美国加利福尼亚州

在美国加州，产品获得 UL 1703 证书后，还需要在有 NRTL 认可资质的实验室增加一些特殊测试，然后将所有相关信息提交到 California Energy Committee 进行登记注册。只有进入注册列表后，才可以在加利福尼亚州进行销售和使用。

6.2　光伏检测机构介绍

国际上的光伏检测认证机构主要分布在德国、美国、日本，随着我国光伏行业的迅速发展，各大国际认证机构纷纷在我国建立实验室或与国内机构建立合作关系，共同开发光伏产品的检测、认证市场。

6.2.1　国外检测机构

1. TÜV

TÜV®是 TÜV 组织和 TÜV 协会（VdTÜV）的注册商标，也是 TÜV 公司的标志，只有德国技术检验机构及其下属单位可以使用。目前在我国从事光伏行业检测、认证的 TÜV 集团主要有 3 个：TÜV 莱茵集团（TÜV Rheinland）、TÜV 南德意志集团（TÜV SÜD）和 TÜV 北德（TÜV Nord）。

TÜV 莱茵集团总部设在莱茵-威斯法伦州莱茵河畔的科隆市，是德国最著名也是全球权威的第三方认证机构。德国 TÜV 莱茵集团在光伏产品检测领域具有超过 30 年的丰富经验，测试产品种类多，包括地面用晶体硅电池组件、薄膜太阳电池组件、聚光太阳电池组件、控制器、逆变器、离网系统，并网系统等。服务客户分布面广，在德国、中国、日本、美国等国均设有太阳能检测实验室。德国 TÜV 莱茵公司同时是欧、美、日等主要认证体系下正式注册的发证单位，是全球唯一能够提供横跨欧、美、日一站式认证服务的单位。2007 年，TÜV 莱茵集团承担了全球 70% 的光伏组件测试和认证业务，同年在上海成立光伏实验室，该实验室占地约 1000m^2，是我国唯一一家经 DATECH 认可并拥有 100% 光伏测试能力的专业机构，为我国太阳能产品出口提供完整的安全测试。

TÜV 南德意志集团总部在巴伐利亚州的慕尼黑市，拥有 140 多年的认证历史，主要业务分布在德国和欧洲其他地区。南德意志集团能够遵照欧洲和国际法规为太阳能光伏制造企业提供完善的太阳能光伏产品的测试和认证服务。检测、认证产品覆盖地面用晶体硅电池组件、地面用薄膜电池组件、接线盒、连接器、光缆、背板、逆变器等。2008年5月，TÜV南德意志集团与扬州光电产品检测中心签署合作备忘录，扬州光电产品检测中心通过国际认可，成为国内光电产品认证机构或认证机构指定测试实验室。

TÜV北德集团总部坐落于汉诺威，中国总部在杭州，可以为光伏组件及零部件工厂、安装商、买家、银行及保险公司提供检测认证服务及技术支持，检测、认证产品覆盖组件、零部件、辅材和电站平衡部件。TÜV北德先后和国家太阳能光伏产品质量监督检验中心（CPVT）、中建材国家太阳能光伏（电）产品质量监督检验中心（CTC）建立合作伙伴关系，并且在上海成立自己的实验室—戎得（上海）光伏科技有限公司，以进一步提升检测能力。

2. UL（美国保险商实验室）

UL是一家独立的安全认证机构，成立于1894年，是美国第一家产品安全标准发展和认证机构，也是美国产品安全标准的创始者。在光伏产品领域，UL是全球首家制定光伏产品标准的第三方认证机构，也是CB体系下美国唯一一家具备核发和认可双重资格的国家认证机构，可颁发IECEE CB证书。

早在1986年，UL就推出了第一个针对平板型光伏组件的安全标准UL 1703，并被采纳为美国国家标准，成为目前美国光伏组件安全认证的基础。除了安全认证外，UL也提供有关产品性能方面的认证，包括晶体硅太阳能组件和薄膜太阳能组件。

2009年2月，位于苏州的UL光伏卓越技术中心正式成立，该中心占地400m^2，是UL在亚洲地区规模最大的光伏实验室，能够依照UL及IEC的标准开展检测业务。该实验室为全亚洲光伏厂商提供测试和认证服务，帮助亚洲地区的光伏更快地将产品投放市场。

3. ASU-PTL（亚利桑那州光伏检测室）

ASU-PTL成立于1992年，位于美国亚利桑那州，是全球三大光伏认证检测室之一，也是美国唯一一家经过授权可进行光伏产品设计资质认证和型式认可的实验室。

2008年11月，德国TÜV莱茵集团携手美国亚利桑那州立大学成立了莱茵TÜV光伏测试实验室有限责任公司（TÜV Rheinland PTL，LLC），该公司拥有当时世界上最完备的光伏检测设施、最尖端的光伏测试技术和最高的测试认证水平，竞争能力进一步加强。

4. VDE检测认证研究所

位于德国奥芬巴赫的VDE检测认证研究所是ZLS（Central Body of the Leander for Safety，安全认可中央机构）认可并授权，可以对光伏零部件和系统颁发

VDE—GS 标志的机构,它直接参与德国标准的制定,并按照德国 VDE 国家标准、欧洲 EN 标准或 IEC 国际电工委员会标准对电工产品进行检验和认证,是欧洲最有经验的第三方测试认证机构,在世界上享有很高声誉。产品测试涵盖完整的光伏系统、光伏组件、功率逆变器、安装系统、连接器和电缆。服务内容包括根据 VDE 和 IEC 标准进行的安全测试、环境试验、现场符合性监测检查,并能颁发 VDE、VDE-GS、VDE-EMC、CB 证书。

5. Intertek(天祥)集团

Intertek 集团总部设在英国伦敦,目前已在全球 110 个国家拥有 1000 多个办事处及实验室,是世界上规模最大的消费品测试、检验和认证公司之一。天祥集团在加利福尼亚建有光伏产品检测和认证中心,可以依据 CE、UL、CSA、IEC、EN 标准进行检测,包括性能检测和安全检测,测试产品涉及晶体硅太阳能组件、薄膜太阳能组件、充电控制器、逆变器等。2008 年底,天祥集团上海太阳能测试实验室成立,并与日本电气安全环境研究所 JET、北京鉴衡认证中心达成合作协议。

除了上述机构外,国际知名的光伏产品认证检测机构还有瑞士通标标准技术服务有限公司 SGS、欧洲委员会联合研究中心环境可持续发展研究所 ESTI、法国国际检验局 BV 等。

6.2.2 国内检测机构

国内光伏产品检测机构方面,依法取得资质认定(CMA)并获得实验室认可(CNAS)的实验室主要有 6 家。为适应光伏行业的国际化发展趋势,国内的检测认证机构积极与国际知名机构建立合作关系,为国内外客户提供快速高效的服务。

1. 中国电子科技集团公司第十八研究所(18 所)

中国电子科技集团公司第十八研究所是我国最大的综合性化学物理电源研究所,是国防工程一类所,也是我国成立最早的光伏测试单位。18 所参加了 1993 年的国际太阳电池标准比对活动,是世界上四个具有光伏计量基准标定资格的实验室之一。

2. 上海空间电源研究所(811 所)

上海空间电源研究所隶属于中国航天技术总公司上海市航天局,是一个综合性的电源研究所,已有 30 多年的研究历史。由于其本身生产各种光伏产品,为了保证产品质量,该所建立了检测实验室。随着光伏产品的大量应用,该实验室也逐步对外服务,主要认证产品为晶体硅太阳能组件和薄膜太阳能组件。

3. 国家太阳能光伏产品质量监督检验中心

国家太阳能光伏产品质量监督检验中心主要从事太阳能光伏产品、零配件、系统及应用工程的试验、检测、验收等技术服务,目前已建成三个国家光伏质检中心，分别位于无锡、成都和佛山。

无锡国家太阳能光伏产品质量监督检验中心（CPVT）于2007年经过国家质检总局批准设立，是国际电工委员会IECEE认可的CB实验室，IEC TC82光伏标准委员会成员，国家标准化委员会光伏发电及产业化标准推进组系统和部件工作组组长单位。

成都国家太阳能光伏产品质量监督检验中心于2008年经过国家质检总局批准设立，于2012年通过验收和授权。目前光伏中心已经具有光伏组件及光电产品的环境、性能、安全测试能力和多晶硅、单晶硅等光伏材料的试验能力。

广东国家太阳能光伏产品质量监督检验中心是由广东产品质量监督检验研究院（简称广东质检院）负责组建的技术性检测服务机构，位于广东佛山市顺德区，是华南地区第一家国家级太阳能光伏产品检测机构，具备光伏部件、光伏组件、光伏电站等光伏全产业链产品检测能力，是我国光伏产品检测认证技术委员会成员单位，也是北京鉴衡认证中心（CGC）等多家认证机构的签约实验室。

4. 北京鉴衡认证中心（CGC）

北京鉴衡认证中心（CGC）经国家认证认可监督管理委员会批准成立，由中国计量科学研究院组建，主要致力于风能、太阳能等新能源和可再生能源产品标准研究及产品认证。在国家发展和改革委员会、世界银行、全球环境基金以及中国可再生能源发展项目（REDP）的子项目"建立中国太阳能光伏产品认证体系"的支持下，北京鉴衡认证中心实施了太阳能光伏产品金太阳认证。

北京鉴衡认证中心的检测实验室包括莱茵TÜV、中国电子科技集团公司第十八研究所、信息产业邮电工业产品质量监督检测中心、中科院太阳光伏发电系统和风力发电系统质量检测中心，认证范围包括地面晶体硅光伏组件、控制器、逆变器、独立系统等。

5. 中国质量认证中心（CQC）

中国质量认证中心（CQC）是经中央机构编制委员会批准，由国家质量监督检验检疫总局设立，委托国家认证认可监督管理委员会管理的国家级认证机构，2007年重组改革后，现隶属中国检验认证集团。CQC长期跟踪光伏产品国际认证动态，积极参与国内外光伏行业学术研究，向国内20多家企业颁发了CQC光伏产品认证标志。

6. 国家建筑材料工业太阳能光伏（电）产品质量监督检验中心（CTC）

国家建筑材料工业太阳能光伏（电）产品质量监督检验中心作为中国建材检验认证集团股份有限公司旗下的核心成员，是国内光伏材料、光伏组件、光伏系统的权威专业检测机构。业务范围包括产品检测、国家及行业标准制定、设备研发与销售、实验室整体建设等。

6.3 光伏组件的相关技术标准

针对光伏产品的相关检测可以分为五大类：
（1）原材料检测，如硅片、浆料、背板、玻璃、封装材料的检测；
（2）在线工艺测试，如电池在线分选、组件在线 EL 检测等；
（3）组件性能检测，组件是光伏发电的核心部件，其参数要满足国家和行业制定的技术标准及安全性能标准；
（4）光伏发电部件检测，包括控制器、逆变器和汇流箱等多种部件的性能及安全测试；
（5）系统测试，光伏系统安装后要进行调试和测定，还要测试其发电性能、电能质量、对电网的运行适应性，并进行防孤岛测试和低电压穿越测试。

现行的光伏组件的技术标准包括成品标准、安全标准、试验方法标准、仪器和设备标准、质量体系标准等，制定标准的机构有 IEC、UL、ASTM、AS、SAC、CENELEC、DIN、JISC 等。

目前晶体硅光伏组件最通用的标准是 IEC 系列，其中 IEC 61215-1/2、IEC 61730-1/2 和 UL 1703 分别是目前光伏组件的设计技术要求、可靠性测试要求、安全性能测试要求的最基本的国际标准。IEC 60904 系列标准是光伏组件系列标准的基础，光伏组件的很多测试内容，例如光伏电流-电压特性的测定、标准太阳电池的测试、太阳能模拟器的测试等，都要引用其中的测试方法。

我国对国际上重要的标准都进行了等同翻译或者等同采用，同时增补制定了相关的国家或者行业标准，如一些材料的测试方法等，这在很大程度促进了我国光伏行业健康有序地发展。

6.3.1 光伏组件标准发展历史

光伏组件标准起源于 1975 年，一直发展到现在，形成了一套相对完整的评价体系。

1975～1986 年，美国 NASA 喷气推进实验室（JPL）在实施 FSA 项目过程中，在 16 个户外实证场地，包括热带、寒带、沙漠、高原、沿海和极地地区，测试了 150 种不同设计的组件，形成了 460 份主要失效分析报告，在此基础上制定了 Block 系列测试规范（见表 6-1），成为光伏行业中第一个针对地面用晶体硅光伏组件的质量测试规范。从 Block I 至 Block V，实验条件不断优化和趋严，但通过这些测试只能发现光伏组件的早期失效情况，测试失效比例比较高。

1980～1984 年，欧盟委员会的联合研究中心（JRC）根据相关研究结果先后发布了 CEC 201、CEC 501 和 CEC 502 测试规范；1981 年，国际电工委员会 IEC 成立

表 6-1　Block 系列测试规范

试验	Block I	Block II	Block III	Block IV	Block V
热循环	100 个循环 −40~90℃	50 个循环 −40~90℃	50 个循环 −40~90℃	50 个循环 −40~90℃	200 个循环 −40~90℃
湿热	68h 70℃ RH90%	5 个循环 23~40℃ RH90%	5 个循环 23~40℃ RH90%	5 个循环 23~40℃ RH90%	10 个循环 −40~85℃ RH85%
热斑	—	—	—	—	3 片,100h
机械载荷	—	100 个循环 ±2400Pa	100 个循环 ±2400Pa	10000 个循环 ±2400Pa	10000 个循环 ±2400Pa
冰雹	—	—	—	5 个冲击 3/4″,20m/s	10 个冲击 3/4″,20m/s
高压锅	—	<15μA 1500V	<50μA 1500V	<15μA 1500V	<15μA 2 倍系统电压+1000V

太阳能光伏发电系统标准技术委员会——TC 82，TC 82 里面的 WG 2 工作组负责研究光伏组件质量的测试标准，并开始研究 Block V、CEC 等其他国家的光伏组件测试规范，为后续 IEC 61215 标准的建立奠定了基础。1988 年，IEC 发布标准草案，提出了光伏组件的终极使用目标是户外环境下工作 20 年以上。

1986 年，美国 UL 公司发布光伏组件安全性标准 UL 1703，并成为美国市场准入的基本标准之一，该标准更关注测试后的光伏组件的安全性能，即组件是否会对人身安全造成危害。

1993 年，IEC 基于前期发布的标准草案，正式发布了晶体硅光伏组件质量测试标准 IEC 61215，成为第一份非政府性正规质量测试标准。

从 2000 年开始，NERL、JRC 实验室等研究机构对大量户外使用多年的组件进行了失效分析验证，为后续的标准优化和长期可靠性研究提供了依据。

2004 年，光伏组件安全鉴定标准 IEC 61730 形成，它包括 IEC 61730-1、IEC 61730-2 两部分。

2005 年，IEC/TC 82 WG 2 工作组对 IEC 61215 标准进行了重要修改，删除了扭曲试验，增加了源自 IEEE 1262 的绝缘电阻试验和旁路二极管热性能测试。此后工作组不断根据相关的数据进行修订，并且补充文件实施，直到 2016 年第三版发布。

2008 年，IEC/TC 82 发布薄膜组件标准第二版 IEC 61646，对组件输出功率衰减、紫外条件、NOCT、湿漏电流测试进行了修改。

2016 年，IEC/TC 82 发布晶体硅光伏组件质量测试标准第三版 IEC 61215：2016，将原 IEC 61215：2005 和 IEC 61646：2008 合并到 IEC 61215：2016 系列，IEC 61215：2016 系列分两部分：IEC 61215-1：2016 基本测试要求；IEC 61215-2：2016 测试程序。

随着各种气候条件下运行的光伏组件的安装量不断增加，新的失效模式也层出不穷，同时人们也发现很多室内加速老化实验和户外实际失效的模式和机理不能完全对应，因此很多机构提出了不同气候条件下的差异化组件检测和差异化加速老化实验方法。如 NREL 在 2011 年牵头成立了 PVQAT（International Photovoltaic Quality Assurance Task Force）工作组，下设 11 个针对性很强的分小组，例如光伏生产一致性质量保证指南组，湿度、温度及电压测试组，UV、温度及湿度测试组，雪、风载荷测试组等，对各类的测试进行差异化的评级，旨在通过推动国际标准的编制和修订，建立质量保证评估系统和生产质量保证体系工厂检测导则，更好地保证光伏组件的质量。

6.3.2 IEC 61215

IEC 61215 标准的主要目标是在尽可能合理的经费预算和时间内进行组件的电性能和耐环境性能测试。IEC 61215：2016 的主要测试流程和各个项目的测试条件如图 6-1 和表 6-2 所示。

如果 IEC 61853 已经对该组件类型进行测试，可省略。测试报告应列入 IEC 61215 设计鉴定报告中。

如果不能接触到标准组件中的旁路二极管，应准备一个特殊的样品来进行旁路二极管热性能试验（MQT 18.1）。旁路二极管应按 IEC 61215-2 中 MQT 18 的要求，安装在标准组件中，并附上导线。该样品不需要进行该程序的其他试验。

对于单个组件上的热斑耐久试验，允许进行以下测试序列：MQT 01、MQT 19.1、MQT 06.1、MQT 03、MQT 15、MQT 09 及 MQT 18.2。

对于组件序列 A 测试，初始稳定 MQT 19.1 可包括交替稳定程序的验证（参见 IEC 61215-2）。

6.3.3 IEC 61730

IEC 61730-1：2016 规定并描述了光伏组件电气和机械操作安全的结构要求。标准中对由于机械和环境应力而导致的电击、火灾、人身伤害的预防措施有明确的主题内容。IEC 61730-2：2016 规定了相应的试验要求。

IEC 61730 和 IEC 61215 有很多测试项目是相同的或者接近的，因此后面介绍一些具体的测试项目的时候，只介绍 IEC 61215 的内容。

6.3.4 UL 1703

UL 1703 标准和 IEC 61730 类似，主要是针对光伏组件的安全性能进行测试，确保光伏组件在使用过程中的性能满足美国相关法律法规要求。该标准的主要测试项目见表 6-3。

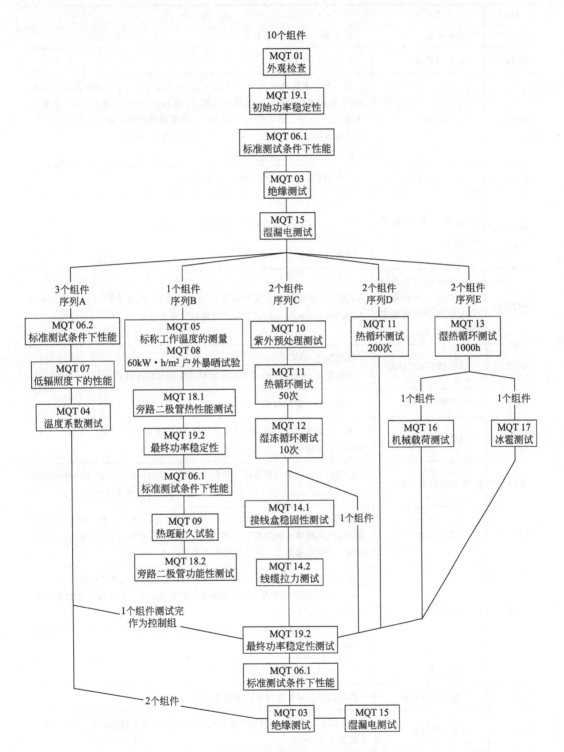

图 6-1 IEC 61215：2016 的主要测试流程

表 6-2　IEC 61215:2016 试验项目和测试条件一览表

试验	名称	试验条件
MQT 01	外观检查	详见 IEC 61215-1 条款 8
MQT 02	最大功率测定	详见 IEC 60904-1
MQT 03	绝缘试验	对于最大系统电压大于 50V 的组件,首先施加(1000＋两倍最大系统电压)V 的直流电压进行绝缘耐压试验,持续 1min,接着在直流 500V 或最大系统电压下(取二者中较大者)持续 2min,测量其绝缘电阻; 对于最大系统电压小于 50V 的组件,试验电压为 500V; 加压速度均不得超过 500V/s
MQT 04	温度系数的测量	详见 IEC 608091,IEC 60904-10 的指导
MQT 05	标称工作温度的测量	见 IEC 61853-2 组件在最大功率点附近总太阳辐照度:800W/m^2 环境温度:20℃ 风速:1m/s
MQT 06	标准条件下的性能(MQT06.1)和标称工作温度条件下的性能(MQT 06.2)	STC 下 25℃ 电池温度和组件在标称工作温度(NMOT);辐照度:1000 W/m^2 和 800W/m^2;标准太阳光谱辐照度分布符合 IEC 60904-3 规定
MQT 07	低辐照度下的性能	电池温度:25℃ 辐照度:200W/m^2,标准太阳光谱辐照度分布符合 IEC 60904-3 规定
MQT 08	室外曝晒试验	太阳总辐射量:60kW·h/m^2
MQT 09	热斑耐久试验	按照电池技术类别及 IEC 61215-2 规定,在最坏的热斑条件下进行 1000 W/m^2 的照射
MQT 10	紫外预处理试验	在短路条件或加电阻负载的条件下,波长在 280～400nm 范围的紫外辐照 15kW·h/m^2,其中波长为 280～320nm 的紫外辐照度占 3%～10%
MQT 11	热循环试验	循环温度范围为－40～＋85℃,升温速率不得超过 100℃/h。在－40～＋80℃升温阶段施加标准测试条件下的最大功率点电流,其他阶段不施加电流。最低温－40℃和最高温＋80℃维持时间不得低于 10min
MQT 12	湿-冻试验	从＋85℃(相对湿度 85%)到－40℃10 次,监测组件电路连续性; 0～＋85℃时温度变化速率不能超过 100℃/h,0～－40℃温度变化速率不能超过 100℃/h; ＋85℃(相对湿度 85%)保持时间不低于 20h,－40℃保持时间不低于 30min
MQT 13	湿-热试验	在＋85℃(相对湿度 85%)下 1000h
MQT 14	引线端强度试验	接线盒强度试验和线缆固定强度测试
MQT 15	湿漏电流试验	按不大于 500V/s 的速度提升测试电压,达到最大系统电压(大于 500V),保持该电压 1min
MQT 16	静态机械载荷试验	在环境温度(25±5)℃下进行,依次将 $\gamma_m(\gamma_m \geqslant 1.5)$ 倍的设计载荷均匀加到前、后表面,保持 1h,循环三次(前后表面设计载荷不同,施加载荷也不同)

续表

试验	名称	试验条件
MQT 17	冰雹试验	25mm 直径的冰球以 23.0m/s 的速度撞击 11 个位置
MQT 18	旁路二极管试验	MQT18.1 旁路二极管热性能测试： 加热组件及接线盒至 30℃、50℃、70℃、90℃，给旁路二极管施加 1ms 的脉冲电流（STC 条件下的 I_{sc}），分别测试其正向压降 V_D，绘制拟合曲线 V_D-T_j；加热组件至 75℃，在 STC 条件下按 I_{sc} 通电 1h，测各旁路二极管的 V_D，将电流提升至 1.25 倍 I_{sc}，保持 1h； MQT 18.2 旁路二极管功能测试： 通入正向电流，测试二极管正向压降，确定性能；遮挡组件电池，测量 I-V 曲线，确定性能
MQT 19	稳定性处理	开始时组件需要在户外进行≥10kW·h/m² 辐照预处理，之后在 STC 条件下测试预处理后的组件功率；再连续进行≥5kW·h/m² 的户外辐照预处理两次，再在 STC 条件下测试每次辐照预处理之后的组件功率，取三次测试的 P_{max}、P_{min} 和 $P_{average}$，按相关要求进行计算，若结果不满足要求，重新再进行三次预处理，直至满足相关要求

表 6-3　UL 1703 主要测试项目

标准条款	测试项目
UL 1703-19	Temperature test（温度测试）
UL 1703-20	Voltage and current measurements test（电压、电流和功率测试）
UL 1704-21	Leakage current test（漏电流测试）
UL 1703-22	Strain relief test（拉力测试）
UL 1703-23	Push test（按压测试）
UL 1703-24	Cut test（切割测试）
UL 1703-25	Bonding path resistance test（接合路径电阻测试）
UL 1703-26	Dielectric voltage-withstand test（耐电压测试）
UL 1703-27	Wet insulation-resistance test（湿绝缘电阻测试）
UL 1703-28	Reverse current overload test（反向电流过载试验）
UL 1703-29	Terminal torque test（端子扭矩测试）
UL 1703-30	Impact test（冲击测试）
UL 1703-31	Fire test（防火测试）
UL 1703-33	Water spray test（喷淋测试）
UL 1703-34	Accelerated aging test（加速老化测试）
UL 1703-35	Temperature cycling test（温度循环测试）
UL 1703-36	Humidity test（湿冻测试）
UL 1703-37	Corrosive atmosphere test（气体腐蚀测试）

续表

标准条款	测试项目
UL 1703-38	Metallic coating thickness test（金属镀层厚度试验）
UL 1703-39	Hot-spot endurance test（热斑耐久试验）
UL 1703-40	Arcing test（电弧试验）
UL 1703-41	Mechanical loading test（机械载荷试验）
UL 1703-42	Wiring compartment securement test（布线稳定性测试）

6.4 IEC 61215 可靠性测试项目

在 IEC 61215 标准的可靠性测试项目中，最重要也是最常测试的项目有湿热试验、热循环试验、湿冻试验、机械载荷、热斑测试等，国内各大企业基本都具备这些测试设备，用于组件新型结构设计、更换材料、结构变更、例行试验时进行快速评估和验证。在经过这些可靠性测试后，还要测试和评估组件的外观、功率衰减和其他技术指标。

6.4.1 湿热试验

湿热试验（Damp Heat Testing，简称 DH 或双 85）用来确定组件承受长期湿气渗透的能力。测试过程中，保持试验环境温度为（85±2）℃，相对湿度为（85±5）%，测试时间为 1000~1048 小时。然后将组件在温度为（23±5）℃、相对湿度小于 75% 的环境下保持开路状态，放置 2~4 小时后，检查是否有 IEC 61215-1 第 8 项所描述的严重外观缺陷，并进行湿漏电测试，应满足与初始试验同样的要求。

6.4.2 热循环试验

热循环试验（Thermal Cycling Testing，简称 TC）是确定组件承受由于温度重复变化而引起的热失配、疲劳等的能力，对于组件内部电性能连接的可靠性，这项测试是重要的考核点。

一个测试过程的温度循环见图 6-2，使组件的温度在（-40±2）℃ 和（85±2）℃ 之间循环，温度变化速率不超过 100℃/小时，在两个极端温度下，应保持至少 10 分钟。一次循环时间一般不超过 6 小时，除非组件的热容量很大，需要更长的循环时间。一般测试 200 个循环（简称 TC 200）。目前随着组件可靠性要求的提高，TC 200 已经不能满足实际需求，很多高可靠性组件都要求通过 TC 400 或者 TC 600。

在整个测试过程中，需要在一个能够检测组件在试验过程中的温度变化的典型

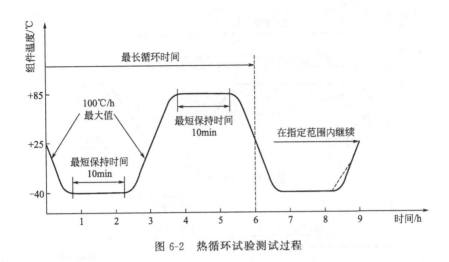

图 6-2 热循环试验测试过程

位置上放置一个准确度为±2℃的温度传感器，当组件温度超过 25℃时，对组件施加正向电流，电流大小等于标准测试条件下最大功率点电流，误差在±2%以内。在此过程中监控组件的电流通断情况。

经过 TC 200 后，使组件在开路状态下于温度为（23±5）℃、相对湿度小于 75%的环境中恢复至少 1 小时，然后进行检验，判断标准如下：

（1）在试验过程中无电流中断现象；

（2）没有以下所描述的严重外观缺陷（后面各测试项目的外观判断标准与此相同，为 IEC 61215-1 第 8 项所规定的严重外观缺陷）：

① 破碎、开裂、外表面脱开；

② 上盖板、下盖板、边框、接线盒等出现弯曲或不规整的外表面，导致组件的安装和工作都受到影响；

③ 电池有裂缝，所占面积超过一片电池的 10%；

④ 组件的边缘或内部有连续的气泡或脱层；

⑤ 丧失机械完整性，导致组件的安装和工作都受到影响。

（3）湿漏电测试应满足与初始试验同样的要求。

6.4.3 湿-冻试验

湿-冻试验（Humidity-freeze Testing，简称 HF）的温度循环如图 6-3 所示，先使组件的温度在（-40±2）℃和（85±2）℃之间循环。在高温（85±2）℃时，控制相对湿度为（85±5）%，保持至少 20 小时；在低温（-40±2）℃时相对湿度不作要求，保持时长不超过 4 小时。在最高温度和最低温度之间，温度变化的速率不要超过 100℃/小时，一次循环为 24 小时，一般测试 10 个循环（简称 HF 10）。

在整个测试过程中，需要在一个能够测试组件在试验过程中的温度变化的典型

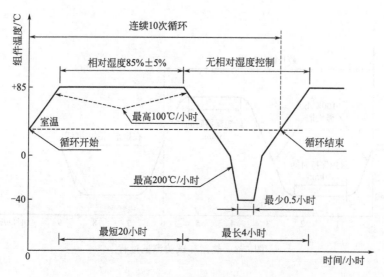

图 6-3 湿-冻循环试验过程

位置上放置一个准确度为±2℃的温度传感器和一个监测组件内部电路连续性的仪器。在整个试验过程中记录组件的温度，期间给组件通以变化率不超过 0.5% 的 STC 下最大功率电流，监测通过组件的电流和电压。

测试要求：组件在温度 (23±5)℃，相对湿度小于 75% 的环境下保持开路状态恢复 2~4 小时后，要求没有出现 IEC 61215-1 第 8 项所规定的严重外观缺陷，湿漏电测试应满足与初始试验同样的要求。

6.4.4 热斑耐久测试

依次遮挡组件内部的电池，使用脉冲式太阳模拟器进行 I-V 测试，得出相应的 I-V 曲线图，比较拐点电流 I_{100} 值，选出如下四片热斑电池：

① 在组件边缘挑选 1 片并联电阻最低（对应拐点电流最高）的电池；
② 在整个组件区域挑选另外 2 片并联电阻最低的电池；
③ 在整个组件区域挑选 1 片并联电阻最高（对应拐点电流最低）的电池。

然后对四片热斑电池都进行如下测试：

(1) 使用黑色不透明盖板对电池进行遮挡，然后逐步减小遮挡面积，使 I_{100} 等于无遮挡情况下的 I_{mpp}，记录此时的遮挡面积；

(2) 以上述步骤测得的遮挡面积遮挡电池（遮挡板与电池的一角对齐），将组件正负极短接，正面朝上放置在稳态模拟器内，将三个热电偶分别粘贴在组件背面对应的中心点和被测热斑电池的对角两点（其中一点为被遮挡角），对三个位置进行温度监控，光强设为 (1000±100) W/m^2，环境温度设为 (50±10)℃，进行 1 小时热斑耐久处理；若 1 小时后热斑电池温度仍在上升，则继续进行，直至达到 5 小时；

(3) 使用安捷伦数据采集器记录下环境温度、组件温度、热斑电池温度、热斑

电池遮挡部位温度;

(4) 若外观检查时发现会造成严重损坏的缺陷,但不属于标准中定义的严重外观缺陷,须在此组件上另选两片电池重复进行热斑耐久试验;

(5) 拆除接线,将组件流转至下一项测试。

6.4.5 湿漏电试验

湿漏电测试(Wet Leakage Current Testing,WLC)用来评价组件在潮湿工作条件下的耐绝缘性能,如果湿漏电性能低,则组件在潮湿环境下长期工作会引发漏电等事故。

在试验过程中,将组件浸没在盛有溶液[电阻率不大于 $3500\Omega \cdot cm$,温度为 $(22\pm2)℃$]的容器内,其深度应有效覆盖组件所有表面,但接线盒引线入口需用溶液彻底喷淋,如果组件采用接插件连接器,则试验过程中接插件需用溶液浸泡。将组件输出端短路,连接到测试设备的正极,使用适当的金属导体将测试液体与测试设备的负极相连,以不超过 500V/秒的速度施加电压,直到 500V 或组件最大系统电压(取两者之较大值),保持该电压 2 分钟,测试绝缘电阻。最后降低电压到零,将测试设备的引出端短路,以释放组件内部的电压。测试要求:

(1) 对于面积小于等于 $0.1m^2$ 的组件,绝缘电阻不小于 $400M\Omega$;

(2) 对于面积大于 $0.1m^2$ 的组件,绝缘电阻值乘以组件面积不小于 $40M\Omega \cdot m^2$。

6.4.6 静态机械载荷试验

静态机械载荷(Static Mechnical Loading Testing)用来测试组件承受静态载荷的能力。在旧版标准里,规定组件能承受的风载荷最低要求是 2400Pa,雪载荷是 5400Pa,但是 2016 版的标准没有规定具体的载荷要求,只是规定了载荷的测试方法,并且参考 UL 1703 标准,引入了设计载荷和测试载荷的概念。组件制造商申请一个设计载荷,测试时需要将设计载荷乘以一个系数 γ_m 作为测试载荷,一般系数 $\gamma_m \geqslant 1.5$。组件最小设计载荷的确定取决于组件结构、适用的标准以及安装地点和气候,可能需要较高的样品采样率。

假设组件的设计载荷为 1600Pa,选择 $\gamma_m = 1.5$,那么对应的测试载荷为正面 2400Pa,背面 2400Pa。按照组件制造商指定的方法将组件安装于支架上,在组件前面将负荷逐步均匀加到 2400Pa,保持此负荷 1 小时,然后在组件背面将负荷逐步均匀加到 2400Pa,保持此负荷 1 小时,如此为一个循环,整个测试要进行 3 次循环,在整个测试过程中,监测组件内部电路的连续性。

测试要求:测试结束后,组件经过 2~4 小时的恢复期后,检验组件的外观,进行湿漏电测试。判断标准为:

① 在试验过程中无间歇断路现象;

② 没有 IEC 61215-1 第 8 项所列的严重外观缺陷；
③ 湿漏电测试应满足与初始试验同样的要求。

6.4.7 重测导则

组件材料、部件和制造工艺的改变会影响产品的电气性能、可靠性和安全性，因此需要根据不同的特性进行相应的补充测试和认证。IEC/TS 62915 标准列出了典型的组件内部变更和基于这些变更需要进行的对应的重测要求。TÜV 机构已经按照 IEC/TS 62915 标准开始执行重测要求，本书只列举其中几个主要的变更以及对应的需要重测的项目。

6.4.7.1 电池的变更

对于以下变更：
（1）金属化材料成分（如浆料）变化；
（2）汇流条金属化区域面积改变（变化超过 20%）；
（3）汇流条数量变化；
（4）减反射层材料改变；
（5）半导体材料改变；
（6）晶体工艺改变（如单晶变为多晶）；
（7）非同一质量保证体系下的太阳电池制造地点变化；
（8）电池制造厂商变动；
（9）电池标称厚度减小（超过 10%）；
（10）电池尺寸变化或者采用切割过的电池（如半片）。

IEC 61215 规定需要重测的项目如下：
（1）热斑耐久试验（MQT 9）；
（2）热循环试验，200 次（MQT 11）；
（3）湿热试验（MQT 13），如果电池外表面的化学性质完全相同（金属化和减反射膜）可省略本测试；
（4）静态机械载荷试验（MQT 16），仅对电池厚度减小时进行此项重测。

IEC 61730 规定需要重测的项目如下：
（1）温度试验（MST 21）；
（2）反向电流过载试验（MST 26）。

6.4.7.2 封装材料的变更

对于以下变更：
（1）材料种类变化；

(2) 添加剂或封装材料的化学成分变化；

(3) 封装材料制造商改变；

(4) 封装工艺改变；

(5) 封装材料的厚度减小（超过20%）。

IEC 61215规定需要重测的项目如下：

(1) 热斑耐久试验（MQT 9）；

(2) 紫外预处理试验（MQT 10）/热循环试验，50次（MQT 11）/湿冻（MQT 12）序列；

(3) 湿热试验（MQT 13）；

(4) 冰雹试验（MQT 17），如果前盖板为聚合物材料。

IEC 61730规定需要重测的项目如下：

(1) 切割试验（MST 12），如果前盖板或后盖板为聚合物材料；

(2) 脉冲电压试验（MST 14），如果厚度减小或材料改变；

(3) 组件破损试验（MST 32），如果材料成分改变；

(4) 剥离试验（MST 35），或剪切强度试验（MST 36），如果设计的黏合结构（cemented joint）含有封装材料；

(5) 材料蠕变试验（MST 37）；

(6) 序列B（只适用于不同材料或厚度减少）；

(7) 序列B1，如果设计为污染等级I。

6.4.7.3 上盖板的变更

对于以下变更：

(1) 材料种类变化；

(2) 厚度减薄（超过10%）；

(3) 玻璃热处理工艺（例如使用半钢化玻璃或退火玻璃代替钢化玻璃）；

(4) 表面处理方法变化，包括上盖板的涂层（内表面或外表面）变化；

(5) 粘接剂、底涂或者其他添加剂变化。

IEC 61215规定需要重测的项目如下：

(1) 热斑耐久试验（MQT 09），针对材料、热处理工艺变化或上盖板厚度减小；

(2) 紫外预处理试验（MQT 10）/热循环50次（MQT 11）/湿冻（MQT 12）/接线盒在安装表面的稳固性（MQT 14.1）（对于有同样紫外截止性能的玻璃，可以省略）；

(3) 湿热试验（MQT 13），如果为非玻璃材料，或表面处理方法改变（内、外表面）；

(4) 静态机械载荷试验（MQT 16）（不影响机械强度的内、外表面处理方法变更可省略）；

（5）冰雹试验（MQT 17）（如果是内表面的处理方法变更，可以省略）。

IEC 61730 规定需要重测的项目如下：

（1）绝缘厚度测试（MST 04），如果为非玻璃材料；

（2）切割试验（MST 12），如果为非玻璃材料；

（3）脉冲电压试验（MST 14），如果厚度减小或材料改变；

（4）温度试验（MST 21），如果为非玻璃材料或材料改变；

（5）可燃性试验（MST 24），如果为非玻璃材料；

（6）组件破损试验（MST 32），如果是表面处理方法改变，若不会影响力学性能则可以省略；

（7）剥离试验（MST 35）或剪切强度试验（MST 36），如果设计中含有粘合结构（cemented joint）（不适用于厚度减小及不同的外表面处理）；

（8）材料蠕变试验（MST 37）（不适用于厚度减小及不同的外表面处理）；

（9）序列 B，如果为非玻璃材料；

（10）序列 B1，如果设计符合污染程度 I（不适用于厚度减小及不同的表面处理）。此外，如果上盖板厚度增加，还需要增加材料蠕变试验（MST 37）。

6.4.7.4 背板的改变

如果是从玻璃材料变为非玻璃材料，需要重复全套基础鉴定测试，反之亦然。对于以下变更：

（1）材料变化，包括任何一层材料的种类和规格；

（2）玻璃厚度减小超过 10%，非玻璃厚度变化超过 20%；

（3）玻璃的热处理工艺变化；

（4）表面处理方式变化（内表面或外表面）；

（5）黏合剂、底涂或其他添加剂变化。

IEC 61215 规定需要重测的项目如下：

（1）热斑耐久试验（MQT 09）；

（2）紫外预处理试验（MQT 10）/热循环 50 次（MQT 11）/湿冻（MQT 12）/接线盒在安装表面的保持力（MQT 14.1）（对于有同样紫外截止的玻璃，若玻璃无变化，可以省略），若接线盒安装在前盖板上，MQT 14.1 可省略；

（3）湿热试验（MQT 13），如果为非玻璃，或表面处理方式改变（内、外表面）；

（4）静态机械载荷试验（MQT 16），如果为玻璃（包括制造商变化），或背板支撑结构采用黏结式安装；

（5）冰雹试验（MQT 17），如果组件的刚度依赖于背板。

IEC 61730 需要重测的项目如下：

(1) 绝缘厚度试验（MST 04），如果为非玻璃材料；

(2) 切割试验（MST 12），如果为非玻璃材料；

(3) 脉冲电压试验（MST 14），如果厚度减小或材料改变；

(4) 温度试验（MST 21），如果为非玻璃材料或材料改变；

(5) 可燃性试验（MST 24），如果为非玻璃材料；

(6) 组件破损试验（MST 32），对于表面处理变化，不会影响力学性能时，可以省略；

(7) 剥离试验（MST 35）或剪切强度试验（MST 36），如果设计中含有黏合结构（cemented joint）且背板是该结构的一部分；

(8) 材料蠕变试验（MST 37）（不适用于厚度减小以及不同的外表面处理）；

(9) 序列 B，如果为非玻璃材料；

(10) 序列 B1，如果设计符合污染程度 I。

另外，如果背板颜色改变可能引起组件工作温度升高，需重复温度试验（MST 21）。

6.4.7.5 组件尺寸的变更

若长度或宽度增加超过 20%，IEC 61215 规定需要重测的项目如下：

(1) 热循环试验，200 次（MQT 11）；

(2) 机械载荷试验（MQT 16）；

(3) 冰雹试验（MQT 17）（当组件尺寸增加超过 50%时）。

IEC 61730 规定需要重测项目为组件破损试验（MST 32）。

6.4.7.6 边框或安装结构的改变

对于如下变动：

(1) 边框形状或截面变化；

(2) 层压件和边框的接触面减少；

(3) 材料变化，包括胶和安装材料；

(4) 安装方法变化（见安装手册规定）；

(5) 边框角部设计变化；

(6) 从边框组件改为无边框组件，或相反。

IEC 61215 规定需要重测的项目如下：

(1) 紫外预处理试验（MQT 10）/热循环，50 次（10.11）/湿冻（MQT 12）序列，如果使用粘接剂安装组件或者使用聚合物边框材料；

(2) 热循环试验（MQT 11），200 次，如果使用粘接剂安装组件或者使用聚合物边框材料；

(3) 湿热试验（MQT 13），如果使用粘接剂安装组件或者使用聚合物边框材料，或边框组件改变为无边框组件（反之亦然）；

(4) 静态机械载荷试验（MQT 16）；

(5) 冰雹试验（MQT 17），如果边框或前盖板为聚合物材料，或者边框组件改变为无边框组件（反之亦然）。

IEC 61730 规定需要重测的项目如下：

(1) 等电位连接的连续性试验（MST 13），如果组装方式改变（如果是粘合剂改变，可以省略）；

(2) 可燃性试验（MST 24），对于聚合物边框；

(3) 组件破损试验（MST 32）；

(4) 螺钉连接试验（MST 33），若适用；

(5) 材料蠕变试验（MST 37），如果不是用边框或其他支撑来防止蠕变；

(6) 序列 B，如果为聚合物边框。

如果只是边框或安装系统的制造商改变（采用同样的材料规格和设计），不需要重测。

6.4.7.7 电气连接端改变

电气连接端元件，如接线盒、电缆和端子，必须满足 IEC 61730-1 中引用的相关 IEC 标准。它们和其他元件及材料组合后的试验，可以在光伏组件上进行，也可以只在元件上进行。

对于如下变动：

(1) 材料种类变化；

(2) 设计（如尺寸、位置、接线盒数量）；

(3) 灌封材料种类变化；

(4) 机械黏结/固定方法变动（如黏结剂变动）；

(5) 电气连接方法变化（如焊接、压接、钎焊）。

IEC 61215 规定需要重测的项目如下：

(1) 紫外预处理试验（MQT 10）/热循环，50 次（MQT 11）/湿冻（MQT 12）/引出端强度测试（MQT 14.1 和 MQT 14.2）[如果是封装材料变更或者接线盒不直接暴露在阳光下，紫外预处理试验可以省略；如果是接线盒的机械黏结变更，转矩试验（MQT 14.2）可以省略；如果是电缆的电气附件变更，接线盒在安装表面的稳固性（MQT 14.1）试验可以省略]；

(2) 热循环试验，200 次（MQT 14.1），只针对电气附件变更；

(3) 湿热试验（MQT 13）；

(4) 旁路二极管热性能试验（MQT 18）。

IEC 61730 规定需要重测的项目如下：

(1) 可接触性试验（MST 11）；

(2) 温度试验（MST 21），如果是灌封材料或黏结剂变更；

(3) 可燃性试验（MST 24），只对黏结剂的变更；

(4) 反向电流过载试验（MST 26）（不适用于黏合剂变更）；

(5) 螺钉连接试验（MST 33），如适用；

(6) 剥离强度试验（MST 35）或剪切强度试验（MST 37）；

(7) 材料蠕变试验（MST 37），只适用于黏结剂的变更或电气连接端重量增加；

(8) 序列 B，只适用于黏结剂的变更；

(9) 序列 B1，如果设计鉴定为污染等级 I。

6.4.7.8　电池和电池串互连材料或技术改变

对于如下变动：

(1) 材料种类变化（如合金、化学成分和基材）；

(2) 拉伸强度、屈服强度和延伸率等力学性能的变化超过 10%；

(3) 厚度变化超过 10%；

(4) 互联材料的总截面变化（汇流条数量增加/汇流条数量增加，同时宽度减小）；

(5) 焊接技术；

(6) 互连条或焊接点的数量改变，或每个接触点的焊接面积减少；

(7) 焊接相邻电池的互连条长度变化；

(8) 焊接材料、助焊剂或导电胶变化；

(9) 绝缘条的变化（厚度、材料及制造商）。

IEC 61215 规定需要重测的项目如下：

(1) 热斑耐久试验（MQT 09）；

(2) 热循环 200 次（MQT 11）；

(3) 湿热试验（MQT 13），只针对材料变动。

IEC 61730 规定需要重测的项目：反向电流过载试验（MST 26）。

6.4.7.9　电气线路的改变

对于如下变动：

(1) 内部连接线路改变（例如每个旁路二极管对应的电池数量增加或重新排布输出引线）；

(2) 光伏组件电路的重新设计（例如电池的串联/并联）。

IEC 61215 规定需要重测的项目如下：

(1) 热斑耐久试验（MQT 09），仅对于每个旁路二极管对应的电池数量增加；
(2) 旁路二极管热性能试验（MQT 18），如果短路电流增加超过10%；
(3) 温度循环200次（MQT 11），如果电池后面有内部导体通过。
IEC 61730 规定需要重测的项目如下：
(1) 绝缘厚度试验（MST 04），对于引出线排布变更；
(2) 反向电流过载试验（MST 26）。

6.4.7.10 功率输出变化

在相同的设计、尺寸和相同电池工艺下，如果功率输出变化超过10%，IEC 61215 规定需要重测的项目如下：
(1) 热斑耐久试验（MQT 09）；
(2) 热循环试验200次（MQT 11），如果短路电流增加超过10%；
(3) 旁路二极管热性能试验（MQT 18），如果短路电流增加超过10%。
IEC 61730 规定需要重测的项目：反向电流过载试验（MST 26）。

6.4.7.11 旁路二极管改变

对装在接线盒内的旁路二极管，需要满足 IEC 62790 的要求。对于如下变动：
(1) 额定电流或额定结温降低；
(2) 每个组件的旁路二极管数量变动；
(3) 使用不同型号的旁路二极管；
(4) 旁路二极管制造商变更；
(5) 安装工艺变化（物理结构、焊接材料、连接工艺、焊接温度）。
IEC 61215 规定需要重测的项目如下：
(1) 热循环试验200次（MQT 11），如果只是安装方式不同；
(2) 旁路二极管热性能试验（MQT 18）；
(3) 反向电流过载试验（MST 26），如果只是安装方式不同。

6.4.7.12 需要重新测试 NOCT 的变更项目

对于以下变更项目，需要重新测试 NOCT：
(1) 减反射层变化；
(2) 电池刻蚀工艺变化；
(3) 封装变化；
(4) 下盖板（背板）变化；
(5) 上盖板变化。
如果所有结构性部件、材料、工艺（包括电池工艺）以及部件与边缘的最小间隙都不变，则对于以下变更，不需要重新测试：
(1) 组件中使用更少的电池；
(2) 更小的组件，使用更少的电池。

6.5　UL 1703 中的关键测试项目

6.5.1　温度测试

光伏组件在实际使用过程中可能会遇到开路、热斑效应及短路等情况，在达到热平衡状态时，不允许出现下列情形：

① 材料或部件燃烧；

② 材料或部件的表面温度超过限制值；

③ 产品任何部位出现蠕变、变形、下垂、烧焦或类似的损坏，如果这些损坏或劣化可能导致产品的性能达不到标准要求。

材料和部件的温度是在环境温度 40℃，大气质量 AM 1.5，辐照度 100mW/cm^2，平均风速 1m/秒的条件下在组件表面上测定的。测试时环境温度可以在 10℃ 到 55℃ 之间，这时测得的材料和部件的温度需要进行校正：小于 40℃ 或者大于 40℃ 时，加上或者减去环境温度与 40℃ 之间的差值。如果辐照度不等于 100mW/cm^2，则可以通过测得各种不同辐照度下的温度，根据这些温度进行线性推导得到辐照度为 100mW/cm^2 时的温度。

测试热斑效应时，在组件短接的条件下用 0.18mm 厚的黑色聚氯乙烯片直接覆盖在组件上表面，遮盖住电池的一半，使得电池不完全被照射到。在试验过程中，组件以串联方式连接，按照 UL 1703 中 47.9 的规定，用热电偶测量被遮盖电池和邻近区域的温度。

测试时，热电偶不要直接暴露在照射光线下，热电偶结点要可靠地固定在待测材料的表面，对于金属表面，可以采用铜焊、定位焊或锡焊将热电偶固定，以获得良好的电接触。对于绝缘木材的表面，可以用胶带予以固定。

当连续三次温度读数没有明显变化时，即达到了热平衡。三次温度读数应该在相同时间间隔连续读取，每次间隔时间为 10 分钟。每次测量需要考虑风速和光辐照度的因素。

6.5.2　漏电流测试

测试目的是考核光伏组件内部电气连接和外部可接触表面之间的绝缘性能。如果在指定的电压等级条件下漏电流过大，则会对人身安全造成伤害。漏电流是指当给组件施加系统最大允许电压时，所有可接触部位间的电流。

测试应在三块未经过试验的组件或经过喷淋试验、温度循环试验和湿度试验的光伏组件上进行。对于未经过试验的组件，漏电试验在组件电池温度为（25±3）℃下进行。

测试方法：将无光照的组件的正极和负极与直流电源的一个电极连接在一起，测量组件与直流电源的另一电极之间的漏电流，测量漏电流用的仪器有500Ω的输入阻抗，仅对直流电有响应。当测量绝缘表面的漏电流时，在其表面上覆盖一层40cm×20cm导电箔片，测量通过箔片进行。如果绝缘表面小于40cm×20cm，金属箔片需和这一表面大小一致。

判断标准：当组件的最大系统电压大于30V时，可接触的导电边框、表面等类似部位的漏电流小于10μA，可接触的电路部件的漏电流小于1mA，可接触的位于绝缘表面上的导电箔的漏电流小于1mA。

6.5.3 冲击试验

测试目的是考核光伏组件抵抗外来重物冲击（碰撞）的能力。

测试方法：将电池组件按将来实际应用的方式进行安装，用直径为51mm，质量为535g的光滑的钢球从高1.295m的高度自由下落垂直冲击组件。光伏组件每一处易受到撞击的部位都要进行冲击试验，如果组件的结构不允许用球垂直落下的方式撞击，则可以用细绳索将球悬挂起来，在距撞击点垂直高度1.295m处将球的以钟摆的方式落下且球要垂直撞向待测组件表面。对于聚合物材料的接线盒，试验先在25℃下进行，然后冷却至−（35.0±2.0）℃保持3小时后再做同样的试验。

判断标准：组件前盖板无破损，没有大于$6.5cm^2$的颗粒掉落。

6.5.4 防火测试

测试目的：主要是测试安装在建筑屋顶的光伏组件在建筑物发生火灾时的耐火性能。要求光伏组件能够尽量延缓自身的燃烧，并且不得产生飞溅的火焰，以免点燃周围的易燃物。防火测试分为火焰蔓延试验和燃烧块试验两部分。

6.5.4.1 火焰蔓延试验

对于安装在建筑屋顶结构上面的组件，火焰蔓延试验按照屋顶覆盖材料耐火性试验标准——UL790进行。试验时，火焰应对着测试的组件，让火焰仅仅作用于组件的表面。

试验过程中以及试验结束后，不能有以下现象发生：

（1）组件的任何部分以火焰或是炙热的物质形式从测试面板上掉落；

（2）作为建筑物屋顶结构的部分有炽热的颗粒状脱落物；

(3) 对 A 类材料，火焰燃烧 10 分钟，蔓延超过 1.82m；对 B 类材料，火焰燃烧 10 分钟，蔓延超过 2.4m；对 C 类材料，火焰燃烧 4 分钟，蔓延超过 3.9m。火焰的蔓延从样品的前沿开始测量；

(4) 组件有明显的侧面火焰的蔓延。如果火焰从组件侧面边缘沿测试安装台面蔓延超过 0.3m，则认为发生了明显的侧面火焰蔓延。

6.5.4.2 燃烧块试验

试验应参照 UL 790 中关于屋顶覆盖物的标准测试方法进行，并作如下调整：试验在组件的上表面进行，采用 UL 1703 标准的 16.4.1 中所规定的 A、B 或 C 型燃烧块，组件下方不放置屋顶覆盖物。

试验中不能出现以下现象：

(1) 组件的任何部分以燃烧物或是灼热的物质形式从试验台上掉落；

(2) 燃块在组件任何一个部位燃烧出一个洞。

6.5.5 热斑耐久试验

测试目的是考核光伏组件耐热斑效应的能力。光伏组件在工作时如果部分电池被遮挡，在光伏系统偏置电压的作用下，被遮挡的电池会发热，严重时会导致燃烧，这就是热斑效应。

测试过程：保持测试区环境温度为 (20±5)℃，无空气扰动；通过红外辐射加热源（可见光分布小于 $5mW/cm^2$）使待测电池温度为 NOCT±2℃，对待测组件通过施加一定反向电压加热 1 小时；然后关闭热源和电源，使电池温度自然降到周围环境温度上下 10℃ 范围内，重复试验，直至累计时间达 100 小时。试验过程中每隔 24 小时对组件中的被测电池及相邻区域做外观目视检查。要求没有出现下列现象：焊接处熔化，封装材料开口、分层，背板上出现灼烧点。

第 7 章

光伏组件可靠性及回收利用

相对于其他电子产品，光伏组件的生命周期要更长一些，一般是 25～30 年。在实际应用过程中人们发现，不同的材料、工艺、运行环境以及系统的安装方式，都会导致组件在户外的可靠性显现出较大差异。如何在较快的时间内得出一套合理的评估体系，指导光伏组件的生产和投资评估，是整个行业一直在关注的问题。

光伏组件在大规模应用过程中，会出现各种形式的问题，常见的问题有热斑效应、PID 效应、蜗牛纹、EVA 老化、背板黄变等，这些对光伏组件的可靠性都会造成严重影响。下面对这些问题的产生原因进行一一分析，并提出一些解决办法。

7.1 光伏组件的常见问题

7.1.1 热斑效应

热斑效应的特征主要为光伏组件某个局部区域的温度高于其他区域，导致组件出现局部黄变、烧焦、鼓包脱层等现象。一般来说，产生热斑的原因有以下几种：

（1）组件局部的电池的一部分被树叶、鸟粪、阴影等长时间遮挡，使得该电池不能发电，反而形成一个内耗区，导致局部温度过高，形成热斑；

（2）某片太阳电池本身存在缺陷，生产过程中没有被检查出来，发电效率低于其他单体电池，于是该电池会作为负载消耗电流，产生热量，形成热斑；

（3）组件制造过程中焊接不良以及后期的 PID 效应也会导致热斑效应。

在实际应用中，户外光伏组件表面被树叶、尘土、鸟粪等覆盖遮挡的情况比较常见，这不仅会造成组件输出功率下降，还有可能引起热斑效应。长期遮挡，会造成组件内部 EVA 起泡、脱层，严重时甚至会引起组件烧毁。因此在后期运维时要定期清洗组件表面及周围，避免外部物体遮挡电池，提高组件寿命和系统发电效率。

7.1.2 PID 效应（电势诱导衰减）

PID（Potential Induced Degradation）效应即电势诱导衰减现象。当组件处于负偏压状态下，在外界因素影响下，太阳电池和金属接地点（一般是通过铝边框）之间会有漏电流通过，封装材料 EVA、背板、玻璃、铝边框容易成为漏电流通道，此时玻璃中的钠离子会进行迁移，透过封装材料之后聚集在电池的表面，形成反向电场，造成局部电池失效，导致组件功率大幅衰减，这就是 PID 效应。用 EL 检测时会发现组件局部发黑，特别是在组件周围一圈的电池最容易产生，见图 7-1。

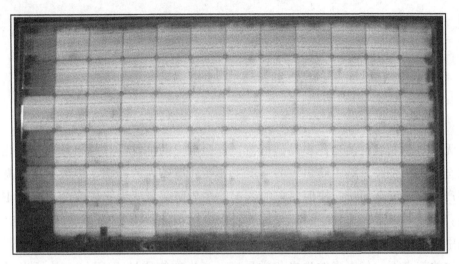

图 7-1 典型 PID 组件的 EL 图像

PID 效应的活跃程度与潮湿程度有很大关系，同时也与组件表面的导电性、酸碱性以及含金属离子的污染物的聚集量有一定关系。目前可以通过以下几个途径来避免 PID 效应：

（1）提高 EVA 的绝缘性能，目前主要采用高体电阻率的 EVA 作为封装材料，当然，电阻率更高的 POE 作为封装材料，抑制 PID 效应的性能更优越；

（2）改变 PECVD 所制备的减反射膜的膜厚和折射率；

（3）实际应用和研究发现，接近逆变器负极的组件，组件所承受的负偏压相对较高，PID 效应更明显一些；把组件阵列的负极输出端接地，可以有效抑制 PID 效应；

（4）有研究指出，采用不含钠离子的石英玻璃来代替钠钙玻璃，确实是一个彻底的办法，但工艺上有很大难度，而且石英玻璃成本也很昂贵，在工业上大批量应用不现实。

7.1.3 蜗牛纹

蜗牛纹（Snail Trail）指光伏组件内部的电池表面出现的一些特殊图案，这些图案类似蜗牛爬过的痕迹，也称黑线、闪电纹等，其本质是光伏组件某一部分出现的变色现象，这种变色现象并非由 EVA 变色引起，而是组件中电池表面的银栅线变暗造成的。一般先是在电池的中间出现一条蜗牛纹，或是电池最边缘一圈的银栅线变暗,然后沿中间蜗牛纹的四周逐渐出现更多的蜗牛纹,而电池边缘的银栅线也逐渐从外圈向中心一根一根地变暗,图 7-2 所示是典型的蜗牛纹图像。蜗牛纹在初期对组件的功率影响很小,但长期还是会在一定程度上引起组件功率的衰减。

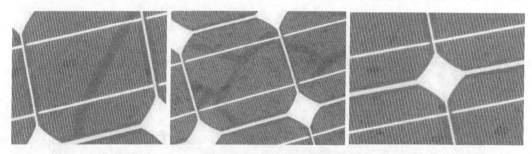

图 7-2 典型蜗牛纹图像

无论是单晶硅电池还是多晶硅电池,都会出现蜗牛纹;有的组件在安装几个月后就会出现蜗牛纹。蜗牛纹出现的速度主要受环境条件的影响,一般在高温高湿条件下产生的速度会加快。按照目前的认识,多数研究者认为蜗牛纹的产生与 EVA、浆料、背板等因素有关,特别是与水气侵入电池前表面有密切关系。有研究发现,电池中出现蜗牛纹的位置都是有隐裂的,当电池出现隐裂时,水气可能通过裂纹进入电池的前表面,与银浆发生电化学反应,产生的物质进入 EVA,从而出现黑色的蜗牛纹;很多电池出现蜗牛纹是从电池边缘开始的,这也是由于水气透过电池间隙进入导致的。

蜗牛纹现象主要集中爆发于 2010 年前后,引起行业高度关注之后,通过改进各个工艺环节,目前已得到控制。一般可通过以下几个途径来控制蜗牛纹:

(1)提高 EVA 的电阻率,控制生产过程的配方,提高搅拌均匀性,保证 EVA 后期交联的均匀性;

(2)控制电池银浆的配方;

(3)避免电池发生隐裂;

(4)降低背板的透水率。

需要注意的是,电池隐裂和水气不是产生蜗牛纹的必要条件,只是会促进蜗牛纹的产生。

7.1.4 接线盒失效

接线盒一般采用高分子塑料制成,是光伏组件正负极的引出装置,内部安装有旁路二极管。常见的接线盒失效形式如下:

(1)接线盒和背板脱离,这通常受粘接用的硅胶的性能影响较大,也有可能是由于背板的表面能太低,或者是接线盒底面本身有脏污;

(2)接线盒开裂或破损,这与接线盒使用的原材料有关,或者是使用过程中发生了剧烈的碰撞；

（3）接线盒密封失效，导致水气进入接线盒内部，金属连接器被腐蚀而生锈，如果汇流条上有水气，会导致湿漏电；

（4）接线盒内部的金属带电体之间出现打弧现象，导致接线盒烧焦，甚至引起组件起火燃烧；

（5）二极管失效，发生短路、断路甚至烧毁。二极管发生短路时，组件的输出功率会大幅降低；二极管如果发生断路，就失去了保护作用。尤其是肖特基二极管，在高压和应力作用的影响下很容易发生静电击穿和反向击穿。所以二极管在生产和安装过程中要注意防止静电，正常情况下操作工人会被要求戴静电手环。

7.1.5 EVA 黄变

EVA 是高分子材料，在户外使用时长期经受光照和温湿度变化，在紫外、温度、湿度等因素作用下会发生系列化学反应，反应产物中若出现生色基团，最终表现为黄变，颜色根据运行环境和运行时间的不同而出现一定差异。EVA 黄变会引起组件的光学损失，对组件性能的衰减也有一定影响。

光伏用 EVA 在生产过程中，通常会添加一些抗紫外和提高热稳定性的添加剂，如果选择的添加剂种类，或浓度不适合，或者浓度不均匀，会导致变色基团的生成或 EVA 的加速老化。

有部分研究人员认为，组件在运行过程中出现 EVA 变色的主要原因有两个：

（1）氧离子和水气扩散进组件内部；

（2）EVA 在户外高温和紫外光的作用下发生化学反应，生成醋酸类物质，或伴随生色基团。这类黄变不但会加速 EVA 的老化，也会对组件内部的太阳电池及焊带产生腐蚀作用，加快组件的衰减。

国外有研究人员对 1800 块单晶硅组件进行了衰减分析，平均每年的衰减率是 0.5%，其中 60% 的组件出现了 EVA 变色的情况，有 10% 出现了严重的变色。

通过大量的统计研究发现，EVA 黄变带来的光学损失大约在 3%～5%，并非导致组件衰减的主要原因，EVA 衰减伴随的化学反应对组件性能影响很大，如脱层、腐蚀银栅线等。目前行业在控制 EVA 黄变方面已经取得了非常明显的效果。

7.1.6 背板老化

背板对组件的可靠性起着至关重要的作用，它与覆盖在正面的玻璃一起构成光伏组件的重要屏障。背板大多采用有机材料制作，厚度一般小于 0.4mm。

大量数据表明，户外光伏组件的失效现象中，有 70% 以上来自于背板，在高温、高湿、高紫外辐照的地区，因背板引起的各类失效现象很多，例如背板开裂、鼓包、脱层、粉化等。目前背板呈现出种类繁多的局面，在厚度、材质、涂层、结构类型方面各有特色,这给组件的可靠性测试提出了更多的要求,具体参考第 3 章中背板材料的介绍,背板可靠性需要引起高度关注。

7.2 光伏组件可靠性评估概述

自 20 世纪 70 年代晶体硅组件开始在地面大规模应用以来,许多科研工作者一直在探究光伏组件的衰减形式及机理,比较不同技术的组件的性能,并通过实际数据的提炼,不断修正组件的衰减模型。国际上有多个机构长期以来一直对光伏组件可靠性开展评估工作。

7.2.1 可靠性评估工作难点

光伏组件可靠性评估是一项艰巨而必要的任务,只有准确评估产品质量和可靠性,才能更好地指导工业生产,促进行业健康发展。可靠性评估既要保证光伏组件在使用过程中能满足经济估算模型,又要保证生产成本保持在合理范围,而光伏产品应用范围广,制造技术也一直在发展,这给可靠性评估工作带来了很大挑战。

首先,光伏组件的测试数据的偏差问题。一是测试方法各不相同,在我们统计组件衰减率的过程中发现,有的机构采用的是户外测试方法,有的采用室内 STC 条件下的测试法,也有的是根据系统发电量估算衰减率,因此数据产生较大偏差;二是测试设备和测试标板的差异,由于研究机构分散在世界各地,因此测试结果具有一定的不确定度。经计算,我们发现,如果所有设备和操作流程均按相关标准来执行,那么测试数据的不确定度将在 4% 左右;三是原始数据的缺失,大部分光伏组件,尤其是二三十年前的组件,很难找到其原始数据,如组件出厂时的 I-V 测试数据和生产工艺数据,只能根据组件背面铭牌上标定的额定值进行衰减率的比较。

其次,光伏组件的运行环境差异较大。全球气候类型复杂多样,运行环境也各不相同,有的安装在高山上,有的安装在屋顶上,还有的安装在海边,甚至在水面上。这些不同的安装环境也将导致光伏组件出现完全不同的衰减机制。因此目前行业有越来越强的呼声,那就是应该根据光伏组件运行的环境,选择不同的封装材料、生产工艺以及评价标准。

此外,光伏组件技术的不断更新导致新的问题不断出现。光伏组件是一种寿命较长的电子产品,因此一般采用 POF(Physics of Failure,物理失效)分析方法进行可靠性评估,即研究已经在户外运行多年的老组件,对其各个材料进行深入分析,并辅以计算机模拟和加速老化测试进行验证。然而出于竞争需要,企业的技术具有一定的保密性,材料配方和工艺一般不对外公开,导致很多材料的更新和升级很难溯源,最终测试结果可能显现出较大差异。

最后，光伏组件的评估工作周期长、成本高。对于一个行业来说，可靠性研究工作是一项基础的、长期的工作，不仅需要投入大量的人力物力，而且不会马上产生直接的经济效益，这直接导致这方面的工作开展得比较缓慢。

7.2.2 相关研究机构的工作

国际上许多大学、科研机构对组件可靠性做了大量研究，例如美国 NREL 实验室在组件可靠性评估方面做了非常严谨详实的实证、理论计算和统计工作。

光伏组件可靠性研究一般围绕以下三方面展开。

(1) 光伏组件的实际使用性能，包括多种技术的比较、不同环境气候下组件的发电量和组件功率衰减率。2012 年，NREL 实验室的 Dirk C Jordan 和 Sarah R. Kurtz 根据已发表的论文和报道，对光伏组件的衰减率进行了统计和分析，采用的数据主要来源于欧洲、美国、澳大利亚和日本，涵盖了过去 40 年的 2000 多组户外运行组件（包含晶体硅和薄膜）的衰减数据。统计发现，所有组件的平均衰减率为 0.8%/年，衰减率中间值为 0.5%/年，其中晶体硅组件共计 1751 组数据，平均衰减率为 0.7%/年，中间衰减率为 0.5%/年。

不同气候条件下组件的衰减率是不一样的，因此研究不同地理环境下的衰减率非常有必要，比如在瑞典，有运行时间超过 25 年的 20 块组件，衰减率仅为 0.17%/年，在我国海南地区运行超过 30 年的组件，衰减率约为 0.19%/年，而在利比亚沙漠，光伏组件衰减率接近 1%/年。有研究发现高山气候下的组件衰减最大，因为其雪载荷和风载荷很高。

(2) 光伏组件的衰减机理，包括各种材料的衰变机制。晶体硅组件初期的快速衰减主要来源于 P-N 结中的氧含量，而长期缓慢衰减则与封装材料的性能降解有关。目前国外已有大量研究数据表明，组件高衰减率主要来源于填充因子 FF 显著降低，也就是说串联电阻显著增加，少量的衰减由光学损失导致，主要体现为 I_{sc} 的降低。如上所述，不同运行环境下的组件衰减机理不一样，其衰减率也不同。

(3) 光伏组件衰减模型的提出。NREL 实验室曾对多种组件进行了为期 5 年的监测，结果表明，在特定的条件下，组件功率的衰减与时间呈线性关系，如果能够确定组件的衰减率，就能准确估算组件的平均使用寿命。这种方法在可靠性研究中称为伪失效寿命法。

组件的衰减和系统发电量受辐照度、环境温度、风速、相对湿度、云量和气压等环境因子的影响，因此实际运行中，不同地区的光伏电站发电量的 PR 效率差异较大。

日本先进工业科学和技术研究所前几年发布了一组光伏组件老化的实验数据，反映了不同种类组件随着时间推移的衰减情况。数据显示，在户外正常运行情况下，非晶体硅组件衰减最多，CIS/CIGS 类组件衰减最少，单晶硅组件比多晶体硅组件衰减得多，HIT 组件衰减幅度较小。具体如表 7-1 所示。这组数据是根据多种组件户外使用 5 年的检测数据推导出来的，与 NREL 调研统计的结果基本一致。

表 7-1　不同种类组件随着时间的衰减情况

种类	10 年后/%	20 年后/%	25 年后/%
单晶硅	92.4~93.7	85.3~87.8	82~85
多晶硅	94.5~95.5	89.3~91.1	86.8~89
CIS/CIGS	97~97.2	94.1~94.5	92.7~93.2
HIT	96.0	92.2	90.4
非晶硅	88.9	79	74.6

7.3　组件可靠性案例分析

本节主要选取国内已运行多年的比较有代表性的老旧组件进行分析,分析数据来源于顺德中山大学太阳能研究院及中山大学太阳能系统研究所的研究项目,这些数据是目前国内在光伏组件可靠性研究方面规模最大、时间最早的一批数据。所选取的样品组件均为国内外知名品牌产品,其中有的服役年限已超过 30 年,中山大学研究团队通过对这些老旧组件持续跟踪研究,发现不同运行环境下的晶体硅组件衰减差异非常大。

7.3.1　案例 1——1982 年生产多晶硅组件（Solarex）

7.3.1.1　基本信息

中山大学太阳能研究院搜集了一批 1982 年美国 Solarex 公司生产的多晶硅组件,共 177 块。该批组件于 1986 年被安装在我国国海南省东方市尖峰岭,位于北纬 18°23′~18°50′,东经 108°36′~109°05′,采用 48V 直流离网系统,用于通信微波站的供电。2008 年 12 月,由于电站扩容,组件被拆下来。表 7-2 所示是组件的原始信息参数。

表 7-2　组件原始信息参数

组件尺寸/mm	电池尺寸/mm	片数	盖板	封装材料	背板
970×445×53	101×101	4 行×9 列	钢化玻璃	EVA	Tedlar® 薄膜

图 7-3 所示为此批组件的全貌。2008 年组件被拆下后,中山大学太阳能系统研究所对其进行了适当的修复和性能评估,包括对组件的电性能衰减、外观缺陷、材料性能衰变等方面的分析,并于 2010 年从该批组件中挑选出 144 块性能相近的组件重新安装于广州大学城继续使用,监测其发电量,并定期维护和测试分析;在 2014 年、2015 年、2016 年和 2018 年均对该批组件进行了 STC 条件下的电性能测试,研

究分析组件的材料衰变和发电情况,测试完成后再安装回原来位置继续使用。

图 7-3　Solarex 光伏组件全貌

7.3.1.2　组件户外安装环境

海南尖峰岭地处海南岛南部,属于热带原始森林区,距海边 20 公里。尖峰岭地区年降水量很大,组件受灰尘影响很小;就外观变化而言,组件受盐雾侵蚀影响不大。

海南岛属热带季风海洋性气候区域,四季不分明,夏无酷热,冬无严寒,气温年差较小,冬春干旱,夏秋多雨,多热带气旋;光、热、水资源丰富,年日照时数 $1780\sim2600h$,太阳总辐射量 $4500\sim5800MJ/m^2$,年降水量 $1500\sim2500mm$。根据 NASA 22 年的平均气象数据,尖峰岭年平均气温为 24.5℃,平均相对湿度为 81%。

7.3.1.3　外观缺陷

经过 23 年(1986~2008)高温高湿环境下的运行,此批组件的外观出现了一些缺陷。2008 年中山大学太阳能系统研究所对组件的外观缺陷进行了初步的统计,具体见表 7-3。

表 7-3　Solarex 组件外观缺陷统计

缺陷项目	占缺陷总数的比例/%	备注
开裂、弯曲、不规整或损伤的外表面	29.8	背面材料开裂
破碎的单体电池	0.4	—
有裂纹的单体电池	23.2	隐裂与 EVA 脱层同时出现
接线盒内部生锈	1.2	—
密封材料失效	21.4	EVA 气泡

续表

缺陷项目	占缺陷总数的比例/%	备注
在组件的边框和电池之间形成连续通道的气泡或脱层	21.1	导致绝缘电阻下降
输出引线问题	1.5	—
旁路二极管失效	1.0	单指二极管缺失

统计结果表明,此批组件均出现电池中心 EVA 颜色变黄现象,部分组件出现 EVA 脱层现象,如图 7-4 所示;背板材料均出现粉化现象,部分开裂,如图 7-5 所示;组件电池部分主栅锈蚀严重,部分细栅也被锈蚀,有部分电池碎裂;接线盒无破损现象,密封胶完整,但接线盒内接线柱锈蚀。

图 7-4 EVA 发黄及脱层

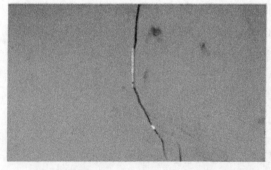

图 7-5 背板开裂及粉化

7.3.1.4 组件电性能

经检测发现,此批组件中有 6 块组件因接线柱锈蚀导致断路,无法进行电性能检测,其余组件均可正常检测。由于组件在拆卸时接线盒线缆均被剪断,为了便于测试和再次使用,这批组件的接线盒全部被更换,换完接线盒后组件的平均功率为 40.88W,之后电性能差异最相近的 144 块组件被选取出来再次进行安装,采用并网系统,容量 5.88kW。

从 2014 年开始,研究团队定期对这 144 块重新安装于电站的组件进行 $I\text{-}V$ 测试，测试仪器均为 3A 光源，测试结果见表 7-4。研究发现组件在尖峰岭运行时的年平均衰减率为 0.18%，在广州大学城继续使用时的年平均衰减率为 0.22%，都远低于 NREL 统计的晶体硅组件的年平均衰减值。比较可发现，组件的开路电压下降很小，衰减主要来自组件短路电流。2014 年、2015 年、2016 年和 2018 年，其功率衰减值相对于铭牌标示值分别为 5.4%、6.2%、6.5% 和 8.5%，这意味着标称功率为 42.6W 的光伏组件在户外使用 30 年之后，其平均功率超过 39.8W。此批组件再次安装使用时，发电性能依然良好，电站运行正常，至 2014 年 3 月，此电站共记录发电量 20375kWh，有效发电天数 1201 天。

表 7-4 更换接线盒后组件电性能测试结果（STC 条件测试）

性能参数	P_{mpp}/W	V_{oc}/V	I_{sc}/A	V_{mpp}/V	I_{mpp}/A
标称值	42.60	20.80	3.04	15.10	2.82
2008 年测试均值	40.88	20.33	2.75	16.53	2.47
2014 年测试均值	42.60	20.80	3.04	15.10	2.82

监测数据显示，这批组件在户外工作了 30 年之后依然可以正常发电，因此我们有理由相信，晶体硅光伏组件完全能达到甚至远远超过行业质保使用年限。

7.3.1.5 材料衰变与组件 EL 测试

运行过程中组件表面出现了不同程度的缺陷，主要表现为背板粉化开裂、EVA 表面不规则纹路及栅线锈蚀。因此我们对外观衰减较为严重的 47 块组件进行 EL 测试，并进一步分析背板衰退对电池的影响和 EVA 产生不规则纹路的原因。通过测试发现，材料性能的衰变对电池产生较大影响，主要分为如下四类。

(1) 组件 EVA 脱层。组件表面纹路状脱层处如图 7-6 中的区域 1 所示，其对应的 EL 图像中太阳电池的隐裂形状同纹路形状一致，说明纹路状脱层与电池隐裂密切相关，但具体是电池隐裂导致 EVA 与电池产生纹路状脱层，还是纹路状脱层形成过程中 EVA 蜷缩变形导致隐裂，还在进一步探索中；而边缘大面积脱层（图 7-6 中区域 2 所示）对应的组件 EL 图像中未出现黑片，此种脱层未引起电池隐裂；图 7-6 中所示的脱层与隐裂的关系在此批组件中普遍存在。

(2) 组件背板开裂。此批组件存在大量的背板开裂情况，见图 7-7，背板开裂后，伴随 EVA 蜷缩产生气泡，水气和空气侵入，导致电池细栅锈蚀，电池的电阻变大，导致组件 EL 图边缘变黑；背板开裂与电池边缘变黑的关系在此批组件中广泛存在。

图 7-8 中，背板虽开裂，但 EVA 完好，未产生气泡，EL 图像中电池并没有出现图 7-7 所示的边缘变黑现象。由此可知，背板开裂并不一定会导致电池 EL 图异常，背板开裂并伴随着 EVA 透水透气性急剧上升，引起栅线锈蚀，出现电池 EL 图变黑的可能性较大。

(3) 栅线锈蚀。很多组件出现了图 7-9 中所示栅线锈蚀的情况，并且对应的地

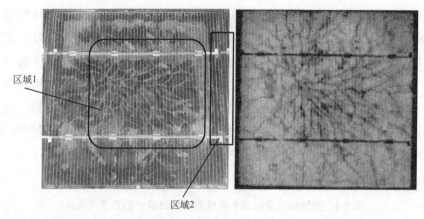

图 7-6 组件表面脱层与其 EL 对照图

图 7-7 背板开裂导致边缘变黑

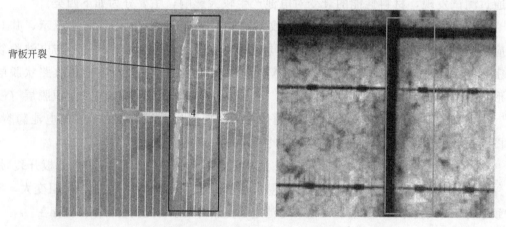

图 7-8 背板开裂处电池未出现异常

方无背板开裂情况,可能是背板防水性能衰退,组件细栅在组件运行时被腐蚀。对比图 7-9 中栅线锈蚀区域内的栅线和 EL 图可知,栅线锈蚀导致电接触不良,引发电池 EL 图像变黑。

(4)互连条锈蚀。图 7-10 中,组件互连条锈蚀严重,该种情况多见于背板开

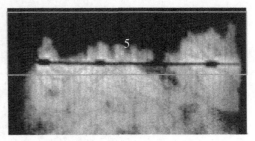

图 7-9　栅线锈蚀导致电池 EL 图像变黑

裂的组件。由栅线锈蚀区域的 EL 图像可看出互连条锈蚀严重，导致电池电互连条与电池接触电阻过大，整片电池出现黑片。

图 7-10　互连条锈蚀导致电池暗片

7.3.2　案例 2——1987 年生产单晶硅组件（BP Solar）

7.3.2.1　基本信息

该批 BP Solar 的单晶硅组件型号为 BP270，共 50 块，于 1987 年被安装在深圳市区某太阳能公司，用于测试离网系统性能，表 7-5 所示是组件的原始信息。

表 7-5　组件原始信息

组件尺寸/mm	电池尺寸/mm	片数	盖板	封装材料	背板
1185×528×38	125×125	4 行×9 列	钢化玻璃	EVA	TPT 薄膜

图 7-11 所示为该批组件的全貌。研究团队对该批组件共进行过两次测试，测试时间分别为 2009 年 8 月和 2014 年 8 月，测试完成后均将其安装回原来的位置继续使用。

7.3.2.2　组件户外安装环境

该批组件安装地点位于深圳市市区，具体安装位置为北纬 22°34′28.73″、东经 114°07′7.65″，安装电站实物图如图 7-12 所示。深圳地处东南沿海，属于亚热带季风气候区域，阳光充足，年平均气温 22.5℃，1 月份为全年最冷月，月平均气温

图 7-11　BP270 组件全貌

11.5℃，7 月为全年最热月，月平均气温 32.2℃；年平均降雨量 1966.5mm，夏季降雨量占全年的 80%～85%，春秋两季降雨量相对较小，分别占 6%～8%，冬季降雨量只占 2%～4%；年平均相对湿度约 77%，3～8 月相对湿度在 80% 以上，11～12 月湿度最低，在 70% 以下，其余月份在 70%～80%。

图 7-12　BP 组件安装电站实物图

此外，这批组件所组成的光伏系统作为一个光伏雨棚安装在深圳市区，组件表面存在大量难以清洗的灰尘，接收光照也受到了很大的影响，因此受灰尘和油污的影响很大。

7.3.2.3　外观缺陷

研究团队在 2009 年对这批单晶硅组件进行初次检验时，发现有 8 块出现玻璃破碎，原因可能是电站安装在建筑物侧边，组件遭受高空抛物的撞击，导致其玻璃破碎崩裂；此外，深圳地处海边，受台风影响较大，组件也容易遭受损坏。其余大部分无破裂，整体良好。EVA未出现明显的变黄，但所有电池中心颜色都较深，为EVA老化造成，见图7-13。组件背板材料出现小部分开裂，有轻微粉化现象。

图7-13　组件电池中心EVA颜色加深及组件破碎

2014年再次检验时，此批组件损坏数量达10块，主要原因是边框密封胶失效导致边框脱落。此外，2009年以来该公司在楼上修建了饭堂，排油烟口对着组件，导致玻璃上沉积油污、灰尘，由于此批组件长期没有清洗，导致我们在测试时无法有效清洁组件表面。见图7-14。

图7-14　玻璃灰尘沉积（左）及边框脱落（右）

7.3.2.4　组件电性能

2009年，研究团队对该批运行了20年的组件进行测试，测试结果如表7-6所示（数据源自42块未破碎组件），经分析可知，此批组件功率平均衰减13%，电流和电压均衰减很大。

表 7-6 2009 年组件测试结果

测试参数	P_{max}/W	V_{oc}/V	I_{sc}/A	V_{mpp}/V	I_{mpp}/A
标称值	67.00	21.40	4.48	16.90	3.96
2009 年测试	58.32	20	4.27	15.15	3.82
衰减率/%	12.96	6.54	4.69	10.36	3.54

  2014 年，再次对此批组件进行了测试，由于组件编号缺失及组件破碎，只有 14 块组件的数据能和 2009 年的测试数据对应得上，其测试结果如表 7-7 所示。

  由测试结果可知，1987~2008 年，组件年平均衰减率为 0.56%，2009~2014 年，年平均衰减率为 2.46%，组件功率出现极大的衰减。对比各项因子的衰减率可发现，2009~2014 年，I_{sc} 衰减 13.87%，I_{mpp} 衰减 14.24%，可知来自电流的衰减是功率衰减的主要因素。这可能有两方面的原因，一方面是电池内部栅线锈蚀导致接触不良，从而使串阻增大，另一方面是玻璃表面脏污，无法清洗，导致透光率下降。

表 7-7 2014 年测试组件测试结果

测试参数	P_{max}/W	V_{oc}/V	I_{sc}/A	V_{mpp}/V	I_{mpp}/A
标称值	67.00	21.40	4.48	16.90	3.96
2014 年测试值	50.55	20.13	3.65	15.60	3.26
衰减率/%	24.55	5.95	18.56	8.68	17.78

7.3.2.5 组件 EL 分析

  这批组件中出现的隐裂、断栅、破碎、暗片等现象非常严重，95% 的组件都出现了不同程度的缺陷，如图 7-15 所示。结合该电站安装在建筑侧面、部分组件破碎处出现撞击凹坑等现象，可推断组件在运行过程中极有可能受到了外界物体撞击。

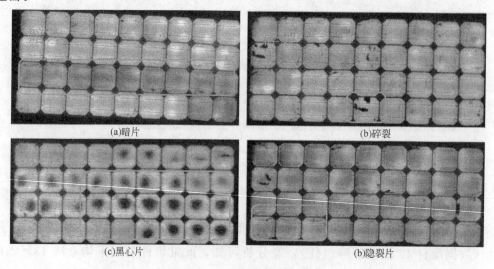

图 7-15 BP270 组件 EL 缺陷

7.3.3 案例3——1996年生产单晶硅组件（Siemens Solar）

7.3.3.1 基本信息

该批 SM55 组件生产于 1996 年，于 1997 年安装在深圳某工厂屋顶上，由于当时该地区还没有接通市电，该光伏电站与柴油发电一起形成油-光互补系统，为工厂提供电力。市电接通之后，该电站就一直处于停用状态，拆卸之前这批组件均处于开路状态。这批组件共搜集到 2051 块，具体信息见表 7-8。2014 年顺德中山大学太阳能研究院将这批组件拆卸下来，对其进行了电性能测试。整批组件外观完好，表面无损伤，EVA 无变色、气泡及脱层现象，每块电池中部颜色变深，接线盒及导线完好，组件背板无损伤及鼓泡，铝边框有明显盐雾腐蚀现象，玻璃表面积灰不易清洗。组件全貌见图 7-16。

表 7-8　SM55 组件具体信息

组件尺寸/mm	电池尺寸/mm	片数	盖板	封装材料	背板
1293×329×34	101×101	3行×12列	钢化玻璃	EVA	TPT

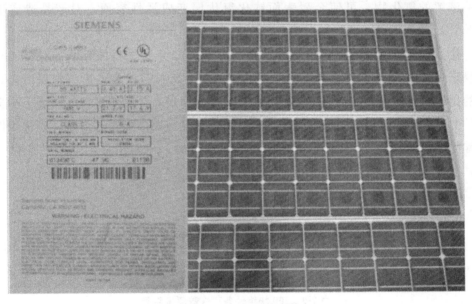

图 7-16　SM55 组件全貌

7.3.3.2 组件户外安装环境

此批组件具体安装位置是北纬 N22°36′56.76″，东经 E114°23′33.32″，位于深圳大鹏湾土洋收费站附近，距海边约 500 米。原电站场景图如图 7-17 所示。

SM55 电站的安装大环境与案例 2 类似，但其距海边不到 500 米，受台风、潮湿、盐雾等的影响较大。盐雾是氯化物气体，在海水或盐碱地水域附近，弥散在空

图 7-17　SM55 原电站场景图（深圳日恒利实业有限公司 供图）

气中的小液滴中含有盐分，形成盐雾，盐雾腐蚀是一种常见的对材料具有很大破坏性的大气腐蚀。盐雾对金属材料的腐蚀是电化学腐蚀的一种，也即氯离子与金属发生化学反应，导致材料失效。同时，氯离子与金属表面的氧化层保护膜反应，生成易溶解的氯化物，可使金属表面钝化氧化层变成活性表面，对产品造成不良影响。

盐雾对光伏组件的影响包括对其金属材料和非金属材料的影响，对金属材料（边框、焊带）的影响主要是电化学腐蚀，对非金属材料的衰退影响则是由盐和材料的化学反应造成的。空气中盐分的含量、组件温度、环境湿度温度决定了盐雾对组件的影响程度。组件中最容易受到盐雾影响的是旁路二极管和焊带。光伏组件的盐雾测试标准 IEC 61701《光伏组件盐雾腐蚀试验》中对组件耐盐雾性能做了阐述，其中对旁路二极管的性能作了详细要求。

7.3.3.3　组件电性能

由于组件数量庞大，我们随机选取了其中的 500 块组件，采用德国 Halm 组件测试仪在 STC 条件下进行测试，测试结果如表 7-9 所示。

表 7-9　500 块组件各项参数测试结果

参数	P_{max}/W	V_{oc}/V	I_{sc}/A	V_{mpp}/V	I_{mpp}/A	$FF/\%$
标称值	55	21.7	3.45	17.4	3.15	73
衰减率/%	24.92	2.42	7.64	14.79	11.99	17.20

由测试结果可知，这批组件整体功率的平均衰减率为 24.92%，平均年衰减率为 1.47%，而最大功率点的电压和电流平均衰减率分别为 14.79% 和 11.99%，填充因子衰减率为 17.20%，短路电流衰减相对较少，为 7.64%。靠近平均年衰减率

的组件较为集中，占到了所有测试组件的70%，说明这批组件衰减较为一致。

7.3.4.4 组件其他测试分析

该批组件运行时间短，而电性能衰减较为严重，因此除了组件的电性能外，我们对组件进行了PID恢复试验、二极管影响测试及EL测试。

1. PID恢复试验

为了研究此批组件是否受到PID现象的影响，对其进行了PID恢复试验。室温下对组件施加恢复PID效应的电压，8小时后测试组件功率。测试结果如表7-10所示，可知此批组件不受PID效应影响。

表7-10 PID恢复试验结果

测试条件	I_{sc}/A	V_{oc}/V	I_{mpp}/A	V_{mpp}/V	P_{mpp}/W
未加电压	3.14	21.32	2.66	14.24	37.91
600V电压8h	3.14	21.30	2.65	14.20	37.58
800V电压8h	3.14	21.30	2.61	14.18	37.07

2. 二极管影响测试

随机选取7块组件，拆除二极管后测试组件的功率，检测二极管对组件的影响。结果如图7-18所示，可见二极管对组件无阴影运行时的功率影响很小，平均增大0.23W。

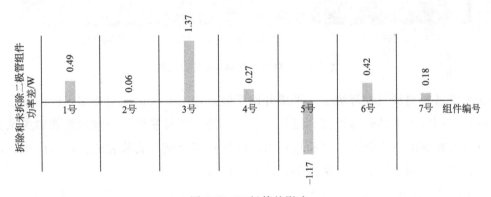

图7-18 二极管的影响

3. EL测试

为检测此批组件中电池的情况，挑选一定比例的组件对其进行了EL测试，测试后发现此批组件存在断栅、隐裂、碎片、黑心片、暗片等现象。同时，几乎所有组件的主栅附近EL图亮度都很高，主栅边缘电池EL图较暗，图7-19所示是这批组件的比较典型的EL图像。

4. 组件再应用测试

由于这批组件数量较大，我们根据电性能将其分为13组，每组144块组件，

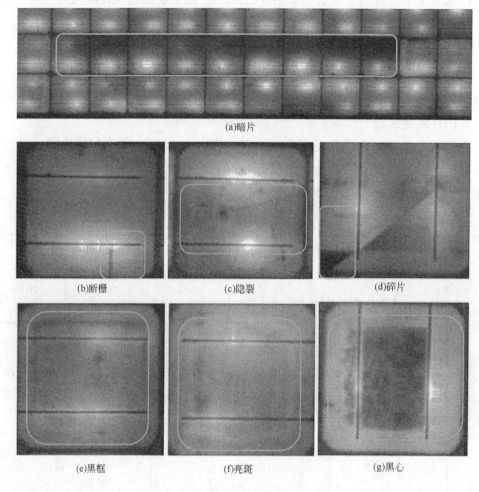

图 7-19 SM55 组件的典型 EL 图像

并安装于各种典型气候环境下,形成并网系统。这组交叉试验主要用来监测该批老组件在不同气候下的运行性能和组件各个材料的后续可靠性,为室内等效加速试验提供更为客观的一手数据。目前这些组件已经在多个地区安装完成,包括广东、河南、青海、新疆、湖北、海南及马来西亚的槟城。

总体来说,对于这三个案例,Solarex 多晶组件的外观变化最为严重,EVA 严重变黄,存在脱层现象,背板开裂粉化比较严重,电池栅线锈蚀,隐裂较多;BP270 单晶组件在后期运行过程中,玻璃上积尘、油污难以清洗干净,组件碎裂比例较大,EVA 有轻微变色,背板出现开裂现象,边框密封胶失效;SM55 单晶组件外观最为完好,组件背板、EVA、电池都无大的缺陷。对比几种组件的电性能衰减,Solarex 多晶组件衰减最小,在 1986~2008 年,其功率年平均衰减 0.18%;BP 单晶组件在 1987~2008 年的年平均衰减率为 0.56%,在 2009~2014 年的年平均衰减率为 2.46%,原因是外界环境发生了变化,这 5 年中出现了踩踏和玻璃表面脏污现象;SM55 单晶组件功率衰减则最为严重,1996~2014 年功率年衰减率为 1.38%。

由此可以看到，本书列举的三种组件衰减差异很大，而且外观失效和功率的衰减没有绝对的对应关系，而是和使用环境有很大关系。所以，在不同的环境下，封装材料变化与电池性能的变化究竟是怎样的，对组件的外观和电性能衰减影响有多大，是一个非常复杂的研究课题。中山大学太阳能团队将根据不同运行环境下的实际数据，结合理论分析，进行不同运行环境下的衰减机理分析及相关建模工作。

7.4 光伏组件的回收

截至 2017 年底，我国光伏累计装机容量超过 100GW，居世界第一。全球的光伏装机总量也在不断攀升，随之而来的是被淘汰下来的废旧组件、故障组件数量也逐年递增，因此如何回收废旧组件成为全球光伏行业十分关注的问题。

2014 年 2 月，欧盟 WEEE 指令正式生效，该指令规定：退役光伏组件的收集、回收处理以及资源再利用的费用由生产者承担，2012～2015 年达到 75％的回收率和 65％的资源再利用率，2015～2018 年达到 80％的回收率和 70％的资源资利用率，2018 年以后要到达 85％回收率和 80％的资源利用率；今后欧盟将会出台详细的回收技术标准。美国、日本、中国等正在积极开展光伏回收的标准或立法研究。

光伏组件材料除了铝、铜、锡、硅和玻璃外，还包含银、铟、镓等具有很大回收价值的稀有金属。一块 250W 的光伏组件，其玻璃约占总重量的 70％，铝边框约占 18％，半导体材料约占 4％。PVCYCLE 组织预测，到 2035 年，全球光伏组件回收产业总规模将达到 120 亿美元，具有广阔的发展前景。根据相关统计数据，我国光伏电站的电池组件废弃量 2020 年将达到 2GW，2034 年将超过 30GW。而光伏组件回收方法、回收效益分析、回收污染处理、回收能耗问题等都处于研究阶段，相关产业政策和标准都在制订中。

7.4.1 光伏组件回收的方法

目前光伏组件的回收还没有一个成熟和完善的标准。组件回收首先要解决的问题是去掉 EVA 等有机物黏结剂，将电池与背板、玻璃分开。而组件在封装时要求 EVA 的交联度大于 70％，且 EVA 与背板和玻璃的黏结力分别大于 15N/cm 和 40N/cm，这给回收拆解带来很大的困难。将太阳电池与玻璃及背板分开的方法有无机酸溶解法、有机溶剂溶解法和热处理法等。

1. 无机酸溶解法

比利时 BP Solar 公司的 T.Bmton 等人将无背板的 36 片电池组成的组件在 60℃的硝酸中浸泡 25 小时，分离了 EVA、玻璃板和电池。在与热硝酸反应后，电池和玻璃中间的交联 EVA 被溶解干净，同时也把电池上的银栅线和银铝浆等成也浸出。该方法虽然不能取出完全无损的太阳电池，但是可以把破碎的电池上的减反射膜和金属层去掉，剩余硅片回炉可以提炼成可利用的硅。此外，硝酸是强酸，与聚合物反应会生成有毒气体，因此操作者需采取防毒措施。

2. 有机溶剂溶解法

日本东京大学 Takuya Doi 等人试用有机溶剂溶解法从光伏组件中回收太阳电池，通过对各种有机溶剂进行筛选，发现采用三氯乙烯作为溶剂，在 80℃ 下，EVA 可以有效溶解。采用有机溶剂溶解法会使 EVA 溶胀，导致电池破裂，不能无损取出电池，且整个过程必须对组件加压，时间需要 7 天以上。此外，有机废液处理较难，回收效率太低，不适合产业化应用。

韩国江源国立大学 Youngjin Kim 等人利用三氯乙烯、邻二氯苯、苯和甲苯等有机溶剂对光伏组件中的 EVA 进行溶解，并辅助以超声波，研究了不同溶剂的浓度、温度以及超声波功率和超声波辐射时间对溶解速度的影响。研究结果显示：在超声波功率为 900W，温度为 70℃ 条件下，EVA 在 3mol/L 的邻二氯苯中可在 30 分钟左右完全溶解，且回收回来的电池没有任何裂纹，而苯、甲苯、三氯乙烯在同样条件下溶解 EVA，溶解完后电池都有裂纹。所以如果需要取出整片电池做研究或完整回收太阳电池，或许这是个相对较好的方法。

3. 热处理方法

瑞士 Soltech 能源公司的 L.Frisson 等人利用高温流化床法进行电池组件的回收试验，在 450℃ 的氮气环境中可将 EVA 及背板在 45 分钟左右去除，在氮气流速及流化床沙粒速率控制适当的条件下，电池的回收率可达 80% 以上，玻璃的回收率接近 100%。该法的原理是：使细沙在高温流化床内随气体流动，通过机械力作用使流化床内的 EVA 和背板气化，从而分离玻璃和电池，气化产生的废气则可以进入二次燃烧室，作为反应器的热源。

德国的康斯坦茨大学 E.Bombach 等人用高温分解的方法来回收电池和钢化玻璃，所用样品是在德国佩尔沃姆岛上运行了 23 年的光伏组件，电池规格是 100mm×100mm×0.4mm，组件种类不一，所用封装材料一部分是 PVB，一部分是 EVA。试验时，将光伏组件放入马弗炉或焚烧炉中，设置反应温度为 600℃，反应结束后将电池、玻璃和合金边框等通过人工进行分离。结果 400μm 厚的电池有 84.5% 可以完整回收，塑料类则全部进行热处理。完整回收后的电池可通过酸碱去除表面的涂层，得到纯净的硅片，直接回收利用。

日本学者 Katsuya 人等用热分解法对比分析了两种组件的回收结果。一种为目前市售的多晶硅光伏组件，电池厚度为 200μm，规格 1193mm×525mm；另一种是使用了 15 年的单晶硅光伏组件，厚度为 550μm，规格 1210mm×385mm。在 500℃ 下进行热处理之后，组件的 EVA 均完全去除，厚度为 200μm 的电池全部破碎，而厚度为 550μm 的电池有 98.7% 是没有破裂的。通过对多种不同厚度的电池进行拆解实验，得出一个结论：太阳电池越厚，完整回收的概率越高。该研究得出的无损回收的概率图见图 7-20。

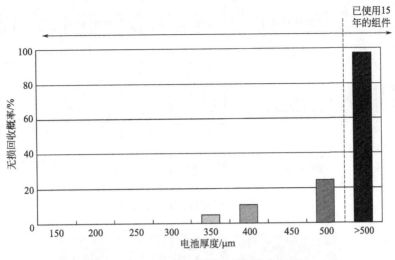

图 7-20　不同厚度电池无损回收的概率

4. 有机溶解与热处理联用法

韩国忠南国立大学 Sukmin Kang 等人先将光伏组件在 90℃甲苯溶剂中浸泡 2 天，再把光伏组件中的钢化玻璃分离出来，然后将表面含有溶胀 EVA 树脂的太阳电池在氩气气氛中升温到 600℃，保持 1 小时，EVA 能够完全分解清除，但回收的电池是完全破裂的，回收效率不高，工序也有些复杂。

我国一些大企业和科研单位也在光伏电池组件回收方面进行了很多研究工作，也取得了一些不同的成绩。

西南交通大学董莉等以热处理的方法对废晶体硅光伏组件进行资源化处理。分别在空气和氮气中放入两组组件并加热到 600℃，通过收集加热产生的废弃物进行分解。结果能得到完整的钢化玻璃，两种气氛下的气体产物均含有丙烷、甲烷、二氧化碳、乙烯、乙烷和丙烯。但其采用的样品是定制的层压件小样品，组件尺寸仅为 180mm×40mm×4.5mm，电池尺寸只有主流电池的 1/5 左右。

英利集团有限公司在对 EVA 进行深冷回收的试验中发现，在 -196℃的条件下，EVA 几乎无黏结太阳电池的现象。他们在低温深冷的试验环境下拆解组件，将失效组件分解为钢化玻璃颗粒、焊带、EVA、背板颗粒和硅的混合粉末，同时施加高压静电，用筛网分选各成分，分别进行提纯。

以上一些试验大都是在实验室环境下完成的，离工业化生产还比较远。日本在光伏回收工业化方面走得相对比较快，图 7-21 所示是日本回收光伏组件的最新工业流程图，图 7-22 所示是 EVA 热分解过程装置。其主要采用热分解法，能够回收晶体硅电池组件、非晶硅薄膜组件、CIGS 薄膜组件等，主要目的是回收组件中有用的材料。主要步骤如下：

（1）用气动机把铝边框去除；

（2）用铣边机把背板移除；

（3）把没有背板的组件放进高温炉里加热，分解 EVA，回收钢化玻璃和电池。

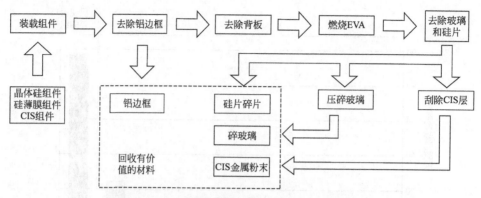

图 7-21 日本最近发展的回收组件工业设计流程图

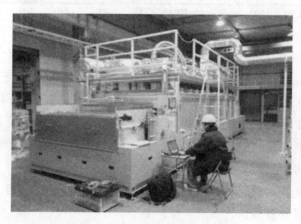

图 7-22 EVA 热分解过程的装置

剩下的就是对每种材料进行处理。

7.4.2 光伏组件回收再利用难点

目前光伏组件在回收利用过程中遇到诸多难点，总结如下：

（1）回收组件时废气、废液、废物的无害化处理，尤其是含氟背板，更是给人们出了一道难题。碳氟化合物具有异常稳定的化学结构，若采用常规的掩埋处理方法在千年内都无法降解，若通过焚烧处理氧化物，会产生氟化氢等毒性气体；

（2）光伏组件回收经济收益低，目前市场对光伏组件的回收动力不大。由于光伏组件回收成本高，对废旧光伏组件实现规模化回收仍然还有很长的路要走；

（3）国内在光伏组件回收方面或光伏组件无害化处理方面的政策法规仍是空白。目前国际和国内对于光伏组件回收有多种可行的技术路线，但是现阶段国内光伏组件的回收规模较小，没有形成相应的产业链，也缺乏相关的政策加以指导和要求；

（4）回收处理机构必须具备相应的环保设施，包括废水处理、废气处理、粉尘处理以及降低噪声等所需的装置，而且废物排放要达到国家相关污染物排放控制标准。除了需要在光伏组件的回收方法、后续的材料分类、回收物再利用等方面做大量工作外，回收机构记录制度、相关检查部门的监管制度也需要同步完善。

第 8 章

光伏组件技术发展概述

最近十多年来,在广大光伏科技人员与生产企业的共同努力下,光伏组件的功率基本上以每年提高 5W 的速度不断提高。与此同时,光伏组件的生产成本也在不断下降,目前(2018 年)市场售价相对 2005 年已经不到 10%。根据光伏组件成本的下降趋势,加上其他光伏部件如逆变器、支架等的技术进步和成本下降,多个机构预测,光伏发电平价上网在 2~3 年内就可以真正实现。

8.1 光伏组件功率和成本发展趋势

8.1.1 功率发展和提效技术

随着光伏技术的进步,光伏组件功率不断提升。以 60 片电池结构的多晶硅光伏组件为例,其主流档位功率平均以每年一个档位(5W)的速度逐年增加,见表 8-1。

表 8-1 60 片结构的多晶硅光伏组件主流档位功率增加情况

年度	2005	2006	2007	2008	2009	2010	2011	2012	2013	2014	2015	2016	2017
功率/W	210	215	220	225	230	235	240	245	250	255	260	265	270

表 8-2 列出了其他各类电池组件(60 片结构)主流档位功率发展情况以及未来预测值。

表 8-2 其他各类晶体硅光伏组件主流档位功率发展及预测   W

年度	2016	2017	2018	2020	2022	2025
p 型单晶 Al-BSF	280	285	290	295	300	305
p 型多晶 Al-BSF	265	270	275	280	285	290
p 型单晶 PERC	290	295	300	305	315	325
p 型多晶 PERC	270	275	280	285	290	295

续表

年度	2016	2017	2018	2020	2022	2025
多晶黑硅	270	275	280	285	285	290
黑硅+PERC	275	280	285	290	295	300
n型单晶PERT	290	295	300	315	325	330
n型单晶异质结	305	315	320	335	345	360
n型单晶背接触	320	335	340	345	350	360

2016年，主流的60片单晶硅和多晶硅光伏组件功率已分别达到280W和265W，使用PERC技术的单晶硅组件和采用黑硅技术的多晶硅组件功率可分别达到290W和270W，n型硅PERT电池、异质结电池分别可达到290W和305W。2017年，主流的60片单晶硅电池组件和多晶硅电池组件功率已分别达到285W和270W，使用PERC技术的单晶硅电池组件和采用黑硅技术的多晶硅电池组件功率则分别达到295W和275W。

十多年来，组件各项工艺技术的进步使得组件功率不断提升。镀膜玻璃相对非镀膜玻璃透光率提高2%～3%，使得组件功率提高了2%以上；背板的反光率从原来的75%左右提高到现在的90%左右，给组件功率带来1%以上的增益；焊带的屈服强度不断降低，出现了超软焊带，使得焊带厚度从原来的0.2mm增加到0.25mm，给组件功率带来约1%的提高；EVA透光率的提高使得组件功率提高了1W左右；还有聚光焊带、反光膜的应用也给组件功率带来1%左右的提高。

但是，目前仅仅依靠优化组件材料、工艺来提高组件功率已经没有多大空间了，各大公司开始从组件设计方面进行优化，如半片电池组件、叠片组件和MBB组件。另外，72片电池组件的功率可简单地认为是60片电池组件的1.2倍，但是由于电池数量增多，电池片之间的串联损失和不匹配度会增加，所以实际会比1.2倍略低。

8.1.2 成本发展和降本方向

我国的光伏组件市场在经历了十多年的政策、技术、国际形势影响后，目前已基本平稳，从2005年的50元/W售价（中国光伏企业出口价）降到低于2元/W，基本已经接近平价上网的水平。

目前光伏组件的成本结构大约为：硅片成本40%，电池非硅成本23%，组件非硅成本37%。组件非硅成本主要包括玻璃、EVA、背板、铝边框等，其中铝边框和玻璃所占比例最大。玻璃市场价格波动较大，波动范围为30～80元/m²；铝锭价格相对比较稳定，主要靠优化型材结构和生产工艺来降低成本，铝边框高度从原来的45mm降到现在的40mm、35mm，甚至25mm，每套组件的铝型材成本也从原来的100元降低到现在的60元左右。对于背板而言，从早期进口的TPT背板到现在国产的 KPE、PPE、CPC 等各种类型的背板,厚度也在不断减薄,成本得到大幅度降低,价格从早期的 100 元/m² 降到现在的 15 元/m²。EVA 价格也从早期的 45 元/m² 降到现在的 8 元/m²。

8.2 高功率光伏组件

高功率光伏组件一直是研发机构及光伏企业的追求目标,采用高功率光伏组件是降低光伏发电系统 LCOE(平准化度电成本)的重要途径之一,而高效电池(如 PERC、PERT/PERL、IBC、HIT、双面发电电池等)是获得高功率光伏组件的前提条件。也可通过组件结构的创新提高组件功率,如半片电池组件。

8.2.1 半片电池组件

随着太阳电池性能的不断提高,单片电池的输出电流、输出电压均得到不同程度的提升,其中输出电流的提升比较显著。然而单片电池输出电流增大,串联电池电路中的电阻功率损耗也会相应增大,导致同种工艺条件下,更高效率电池的组件功率投产比通常较低。为有效降低整个电路的功率损耗,半片组件技术应运而生。

图 8-1 是以 REC 为代表的中间出线半片电池组件版型。所谓中间出线,是指从组件的背面看,三分体接线盒位于组件纵向的中部。

图 8-1 中间出线半片电池组件版型

另一种具有代表性的两端出线版型的半片组件如图 8-2 所示，电池串沿组件短边方向排列，接线盒位于组件的长边或短边。

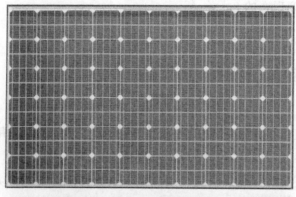
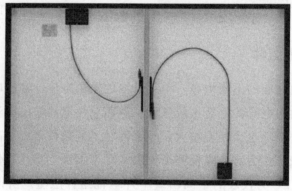

图 8-2　两端出线半片电池组件版型

半片电池的制作通常是利用激光切割的方式将太阳电池沿垂直于主栅的方向一分为二，半片电池相对整片电池而言，输出电压基本不变，而输出电流变为原来的二分之一。在叠层过程中，半片电池串之间先进行两两并联，从而得到和整片电池组件相近的电流，然后再进行串联，得到和整片组件相近的电压。通常情况下，半片电池组件的开路电压与整片电池组件基本一致，短路电流略有提升，这主要是由于电池间隙的面积增加，光学利用率有所提高，同时串联电阻的减小也降低了电池本身的功率损耗。

8.2.2　叠片电池组件

叠片电池组件近两年才开始进入公众视野，其亮点在于美观和高功率密度。叠片电池组件将太阳电池更加紧密地连接在一起，电池与电池之间有重叠，消除了间隙，以增加吸光面积，提高组件功率密度和发电效率。叠片组件中电池的连接不需要焊带，而采用导电银浆进行连接。叠片电池组件在封装时需要保证电池能够紧密、平整地重叠起来，在层压过程中不会出现隐裂和破片，因此技术门槛较高。图 8-3 所示为叠片电池组件实物图。

图 8-3 叠片电池组件实物图

8.2.3 双面电池组件

随着市场对高发电量、低度电成本的迫切需求，在双玻组件量产化的基础上，国内光伏发电"领跑者"项目对先进电池技术的政策支持下，双面电池技术凭借两面受光发电的优势，结合双玻的组件工艺和户外不同的安装方式，不仅保证了组件的可靠性，同时发电量得到大幅度的提高，因此，该技术近两年来得到了快速的发展。图 8-4 为双面电池双玻组件实物图。

双面电池可采用 n 型和 p 型晶体硅制成，包括 n 型 PERT/TOPCon 电池、HJT 电池、IBC 电池以及 p 型 PERC 双面电池等。

随着 PERC 技术的日渐成熟，p 型 PERC 双面电池具有设备改造投入费用小、工艺流程成熟的优势，因此市场上研发该产品路线的光伏企业比较多，代表企业有天合光能、隆基乐叶、阿特斯等。图 8-5 所示为 p 型 PERC 常规单面和双面电池工艺图。PERC 单面电池的背面为全 Al 接触，只有正面可以吸收入射光进行光电转换，而 PERC 双面电池将背面全 Al 背场印刷工艺改成 Al 栅线印刷，实现双面光电转换功能，但是这对背面印刷精度和 Al 浆材料有更高的要求，需要对背面印刷工艺进行优化，激光对准设备也需进行简单升级。

n 型晶体硅具有少子寿命高、光致衰减低、弱光响应好、温度系数低等优势，目前高效晶硅电池一般都采用 n 型硅片，如 n 型 PERT/TOPCon 电池、HIT/HJT、IBC 等。n 型单晶硅片的少子寿命比 p 型单晶型硅片的高出 1～2 个数量级，B（硼）含量极低，消除了硼氧对的复合，几乎没有光致衰减效应，其次 n 型晶体

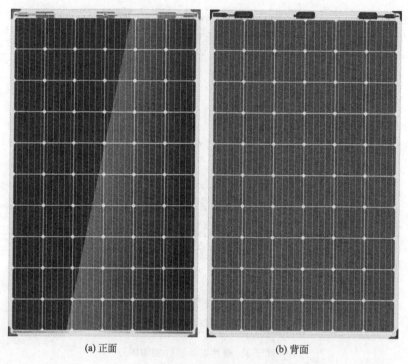

(a) 正面　　　　　　　　　　　(b) 背面

图 8-4　双面电池双玻组件实物图

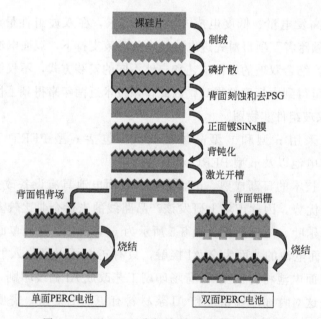

图 8-5　p 型 PERC 常规单面和双面电池工艺图

硅的结构特点也使其具有更好的长波响应和更低的温度系数。n 型双面电池也具有以上的优势，而且相对 p 型双面电池，其效率可以达到更高，同时背面效率也可以轻易达到正面的 80% 以上，而 p 型一般大于 60%，要达到 80%，需要在工艺和材料选择方面做很多优化。但是 n 型的工艺路径有较大变动，需要增加 2~3 个工序，且依赖进口设备，产线投资大，因此，p 型双面具有更好的性价比，目前还是主流产品。生产 n 型 PERT/ToPCon 双面电池的代表企业有英利、中来、林洋等，生产 HJT 双面电池的代表公司有晋能等。

双面组件主要依靠其正面吸收太阳直射光，背面接收地面反射光和空气中的散射光，实现正背面同时发电，所以双面组件的高发电量，除了关键的电池技术外，很大程度还取决于户外的安装方式、组件支架的间距、地表材料的反射率、离地高度、安装角度、是否采用跟踪支架等。图 8-6 为双面电池组件的发电量影响因素，不同场景下，双面组件的发电量增益为 5%~35%，这会大大降低光伏系统的度电成本。

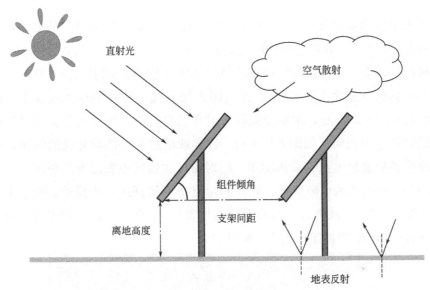

图 8-6　双面电池组件的发电量影响因素

目前，市场上针对常用的地表环境，各厂家采用 p 型双面组件或 n 型双面组件进行了一些研究测试。根据图 8-7，在固定安装方式下，相对常规组件，p 型和 n 型双

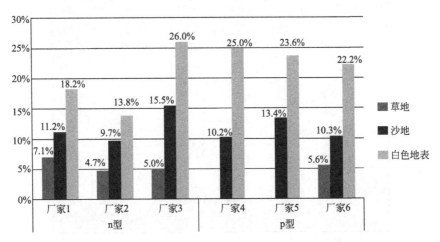

图 8-7　各厂家双面组件不同地表环境下的发电量增益

面组件在草地上的发电量增益为 4.7%～7.1%，沙地发电量增益为 9.7%～15.5%，白色地表发电量增益为 13.8%～26%。理论上一般都认为 n 型背面功率高，发电量增益要比 p 型高，但是大量实测数据表明，p 型和 n 型双面组件的户外实际发电量没有太大区别，这个可能和 n 型背面的低辐照性能比较差有较大关系。

双面组件的应用和发展大大提高了电站收益，特别是在和跟踪支架组合应用后，进一步提高了发电量，成为光伏行业的新宠儿，为光伏发电的平价上网提供了新的技术。

8.2.4 多主栅组件

一般太阳电池正面都有 3～5 根主栅线，用来收集众多细栅线的电流，并与其他电池的主栅线连接。每根主栅线的宽度为 0.8～1.5mm，厚度为 0.2～0.25mm。多主栅（Mutli Bus Bar）电池组件（后面简称 MBB 电池或者 MBB 组件，见图 8-8。）采用更多的主栅线（通常大于 6 根），并用圆铜线取代了传统的扁平互连条，圆铜线直径一般在 0.3～0.5mm，圆铜线能将入射光线偏转一个角度反射到玻璃界面，再经玻璃反射会电池表面，如图 8-9 所示，这样就增加了组件对光线的利用，从而提高了电池组件的输出电流和输出功率。同时由于主栅线电极之间的距离大幅度缩短（见图 8-10），因此串联电阻降低，组件的输出功率得到进一步提升。经过主、细栅线优化匹配的 MBB 电池组件，其功率可以比普通 60 片多晶硅电池组件高出 5W 以上，比单晶硅 PERC 电池组件高出 8W 以上。

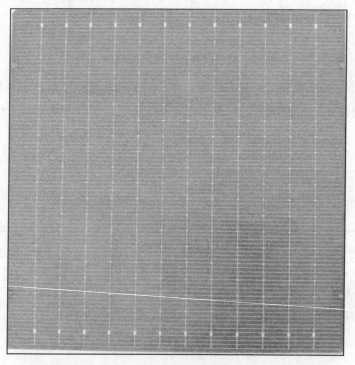

图 8-8　MBB 电池示意图

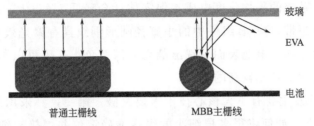

图 8-9　普通主栅线与 MBB 主栅线入射光线的反射效果

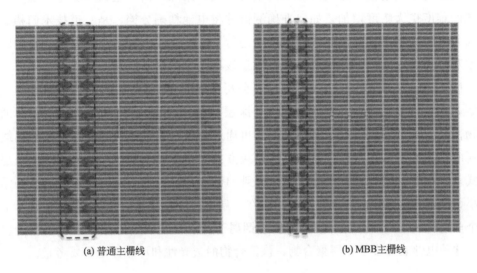

图 8-10　不同电池电流的收集路径

由于 MBB 电极间的距离短，电池表面被分成很多小的网格，如果电池发生破片，破片部分的电流可以被附近的电极所收集，如图 8-11 所示，从而降低了破片引起的功率下降。此外，很多细小网格的存在使得电池在受到热应力及外力作用时，能将这些作用力均匀分散，从而提高了组件的抗载荷能力，组件的长期可靠性也得到一定提升。

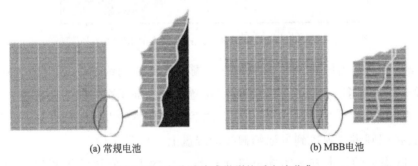

图 8-11　电池破片或微裂纹后电流收集

MBB 电池可以减少 20% 以上的银浆用量，在成本上有很大优势，一定程度上缓解了银浆资源紧张的压力。MBB 电池可以与单晶、多晶、PERC、HJT、双面等主流电池搭配，可以组合成普通组件或双玻组件，具有同样的可靠性。采用 MBB

电池组件发电，系统的平均化度电成本保守估计会降低1%以上。此外，相对于传统组件的扁平形焊带，MBB组件中的小直径圆形铜线具有聚光效应，使得光线在电池表面的反射减弱，电池表面呈现出漂亮的深蓝色，几乎可以与IBC组件媲美，特别适用于对美学要求比较高的场合。

MBB组件开发主要有三大核心技术需要突破。第一，其采用的圆铜线直径一般为0.4mm左右，如何将很多根细小的铜线准确定位并焊接到细小的主栅线上，形成可靠的电气连接，是这项技术的核心所在；第二，由于主栅线数量增加，电池测试的难度也大幅度增加，如何准确测试并将电池精确分档，是一道技术门槛。因为如果电池分档不准确，会导致组件在进行EL测试时产生明暗片现象，影响输出功率和可靠性；第三，圆铜线的开发也是该项技术的核心所在。

Day4 Energy公司和Mayer Berger公司针对MBB电池提出了无主栅线的设计方案，先将细铜线涂上特殊低熔点合金涂层（铟），然后将其排布在一层很薄的聚合物薄膜上，叠层时敷设在电池表面，再通过层压过程中的压力和温度将细铜线和电池的细栅线连接在一起，这种电极连接方式完全不同于现在广泛采用的传统焊接方式，采用这种设计方案，细栅线会达到24~40根，这就要求圆铜线的直径必须足够小，将这么多数量的细铜线均匀排布在一层聚合物薄膜上（图8-12），在技术上是一个全新挑战。此外，铜线表面涂敷的铟属于稀有金属，资源稀少，价格昂贵。另外，这种电池表面多了一层聚合物，该聚合物的透光性和可靠性也需要考量。

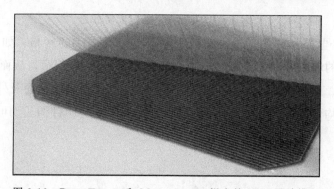

图8-12 Day4 Energy和Mayer Berger提出的MBB设计模型

Schmid公司提出的技术方案是保留主栅线，将圆铜线涂上常用的焊锡涂层，在主栅线上面设置多个焊点，在每个焊点位置进行局部印刷，成为面积更大一些的焊盘，以利于圆铜线和焊点的可靠连接，之后通过加热的方式（如红外、热风、电磁等），直接把圆铜线焊接到电池细栅线的焊盘上，见图8-13。

Schmid提出的技术方案实施进度比较快，韩国LG公司已经实现了1GW/年的量产规模，所采用的焊接设备是韩国生产的。业内人士认为，随着国产焊接设备技术的不断提高，MBB组件会成为主流发展方向。我国天合光能公司和先导公司联合研制出第一代稳定可靠的MBB焊接设备，成本仅比常规焊接设备高20%左右，天合光能公司采用该设备在2017年实现了500MW MBB组件量产。

图 8-13 Schmid 提出的 MBB 设计模型

8.3 组件结构的发展

8.3.1 1500V 组件

随着"全生命周期度电成本"、"平价上网"的呼声越来越高,1500V 直流系统成为行业关注的热点,1500V 组件也陆续面世。从系统的角度看,采用更高的输入输出电压等级,可以降低线损及绕组损耗,电站系统效率预期能提升 1.5%～2%,这意味着更低的系统成本,更高的发电效率。同时,1500V 光伏组件的电池串联数量和汇流箱数量得到大幅度减少,也相应节省了一定的安装和维护成本。

1500V 组件对背板的绝缘性能提出了更高的要求,需要增加中间层 PET 厚度或采用玻璃作为背板,同时也对接线盒、线缆、连接器、电器间隙以及爬电距离提出了更高的要求。

目前针对 1500V 等级光伏系统的标准和规范还没出台,部分 1500V 零部件的测试是在 1000V 标准的基础上把电压直接升到 1500V 后进行的。虽然很多企业通过了相关的认证,但是 1500V 系统目前尚不是主流产品,仅仅处于示范阶段,相信随着成本的降低以及性能的逐步提升,1500V 产品将逐步取代 1000V 产品。

8.3.2 双玻组件

近几年,光伏行业开始用玻璃这种非常稳定的无机材料代替传统的有机背板,因为有机材料在户外不可避免地会产生水解脆化、开裂、粉化等问题,而背板失效将使组件内部的封装材料和电池直接曝露在严苛的户外环境中,引发封装材料水解、电池和焊带腐蚀等问题，降低组件输出功率和使用寿命。虽然传统的有机背板可以采用含氟材料作为表层耐候层，并选择耐水解 PET 作为中间绝缘层和阻隔水气层，或在背板中间加一层防水气铝膜，但这种做法一是使成本增加不少，二是会有很多随之产生的附加问题。

其实双玻组件并不是一个新的概念，在薄膜组件以及 BIPV 上早已广泛应用。由于薄膜组件的发电效率比晶体硅组件低，前期设备投入高，因此至今没有成为主流产品。BIPV 将光伏组件与建筑相结合，主要用于幕墙、屋顶等场合，玻璃厚度大，单层厚度一般在 5mm 以上，应用范围有限。同时早期双玻组件层压良率非常低，只有 80% 左右，导致成本高居不下，也是没有被大范围推广的原因之一。近几年国内一些公司，如天合光能、晶澳、阿特斯等，先后解决了双玻组件层压良率问题，采用 2.5mm+2.5mm 甚至更薄玻璃的双玻组件已经开始逐步应用于地面大型电站和分布式电站。

早期双玻组件的接线盒都安装在玻璃的侧边，现在基本与常规组件一致，都是在背面玻璃上直接打孔，引出汇流条，再接入接线盒。双玻组件一般都没有铝边框，因此不需要接地，不仅安装更快捷，还能减少边缘积灰，容易进行日常维护保养。双玻组件具有卓越的耐候性能，抗盐雾、酸碱、沙尘，还具有优良的抗 PID 性能和抗黑线（蜗牛纹）性能，而且防火等级能够达到 A 级。

双玻组件采用夹心面包式设计结构，组件中的电池位于结构的中心位置，几乎不受力，使得组件在生产、运输、安装过程中，几乎不会出现隐裂，完美解决了普通组件在户外长期使用易出现隐裂的问题，大大延长了组件的使用寿命。

目前 1500V 光伏系统已经开始得到应用，而双玻组件比有机背板组件能更好地满足这种高压系统的电气可靠性要求。

但是，双玻组件因为没有铝边框，在安装时其边角容易受撞击而导致整个组件破损，随着工艺结构的不断改进，这个问题目前已得到了有效的解决。业内普遍认为双玻组件将会成为光伏组件封装的最终解决方案。现在双玻组件的质保期已经从传统的 25 年延长到了 30 年，这充分显示出各生产厂家对双玻组件质量可靠性的信心。因此，组件轻质化的需求尤其迫切。

8.3.3 轻质化组件

屋顶光伏电站是我国东部城市发展分布式光伏能源的主要形式，但是由于一些屋顶承重负荷的限制，必须采用轻质的光伏组件以及轻型安装结构。调查数据显示，我国多达 50% 的厂房屋顶对光伏组件安装承重比较敏感，在屋顶光伏系统设计方案提交审核时，很多方案因无法满足现有建筑的承重要求而没有通过。因此光伏系统的轻质化引起了行业的重视。

光伏组件安装系统包括组件、导轨、安装夹具三大部分，其中组件部分的重量占了约 85%，见图 8-14。

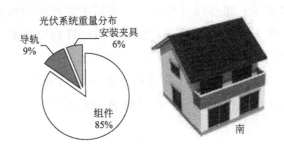

图 8-14　光伏组件安装系统重量分成

从图 8-15 可以看出，普通组件中玻璃重量占了组件总重量的 75%，双玻组件中玻璃重量占比超过了 90%。

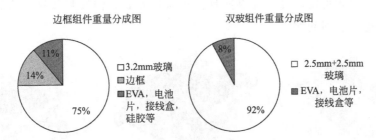

图 8-15　边框组件与双玻组件重量分成

组件轻质化必须要以保证组件可靠性为前提。组件重量的减轻意味着对组件各部分所用材料要求更高或结构设计要求更合理。这里列举几种组件轻质化措施：

（1）减轻玻璃重量。常规边框组件采用的玻璃厚度一般为 3.2～4mm。双玻组件目前采用的是 2.5mm+2.5mm 玻璃，虽然可靠性非常好，但是重量还是比常规组件重 20% 以上，目前 2.0mm、1.6mm 甚至更薄的玻璃正在逐步研发应用；

（2）减少型材截面积，降低边框高度，从而降低型材重量，达到降低组件重量的目的。现在型材高度大部分为 35～45mm，为保证组件的整体载荷能力，在降低边框高度的同时可在组件背面加入加强筋结构（图 8-16）；

（3）减小组件整体尺寸。为了同时保证组件的载荷性能，可以采用减小组件尺

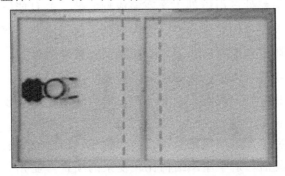

图 8-16　组件背面加入加强筋结构（虚线标定位置）

寸的办法减轻组件重量；组件尺寸变小后，采用更薄玻璃的可能性便大大增加；

（4）组件无框化。除了双玻组件，传统背板组件也可以取消铝边框，并采取一些特殊的边沿保护措施，同时设计配套的安装结构；

（5）边框采用高分子材料替代常规的铝型材。高分子材料具有良好的绝缘性能，可以使组件免接地，但是高分子材料机械性能不如金属材料，批量应用还需要很多验证工作。

8.3.4　易安装组件

易安装组件适合一些规模不大、安装环境复杂的场合，能够用较少的人力物力实现快速安装，比较经济适用。

图8-17所示为分别由Paneclaw、Sunpower、Sollega公司推出的几种新型组件安装结构，采用低角度设计，能够实现简单快速安装，但在耐候性、机械载荷、成本等方面存在一系列问题。

图8-17　几种新型的组件快速安装结构

天合光能公司曾经推出了一种新型简易组件安装结构——Trinamount 3，它采用折叠式设计结构，前后2个支脚支撑，在出厂前就已经预先固定好，像铰链一样折叠起来放在组件背后，到项目安装现场后，只需要打开2个支脚，通过4个螺钉固定在龙骨上即可，每块组件安装时间大约为1分钟。图8-18所示为天合光能的Trinamount 3安装结构与实际安装流程。图8-19所示为这种组件结构在大面积屋面的安装实例。该结构设计有如下优点：

（1）大部分支架配件已由组件生产商完成预安装，并且能够折叠起来，方便运输流转，现场安装仅需紧固龙骨螺钉，大大提高了现场安装效率；

（2）不需要破坏屋顶原有防水层，安装灵活，移动方便；

（3）不需要专业安装人员，安装工具只需要一个开口扳手或者套筒扳手；

（4）组件重量非常轻，只有$11.5kg/m^2$，适合安装于承重较差的屋顶，可提高承重安全性；

（5）该设计通过了严格的风洞测试，达到抗12级台风标准；

（6）安装布局灵活，适于屋顶结构比较复杂的项目，能充分利用屋顶面积，如图8-20所示。

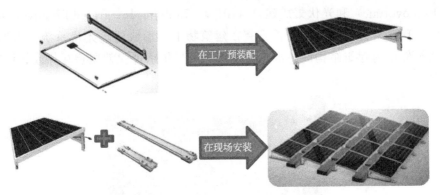

图 8-18 天合光能的 Trinamount 3 安装结构与实际安装流程

图 8-19 大面积屋面安装实例

图 8-20 比较复杂的屋面安装实例

在欧美国家，安装光伏系统的人工成本已经占到了系统总成本的 30%，所以易安装组件对降低系统的初期安装成本具有较大的意义。

8.3.5 建筑构件型组件

建筑构件型组件主要有两种应用形式：光伏附着建筑（BAPV，Building Attached Photovoltaic）和光伏集成建筑（BIPV，Building Integrated Photovoltaic），见图 8-21。BAPV 是指将光伏组件安装在建筑物上，形成建筑光伏系统；BIPV 是指将光伏组件作为建筑结构的一部分，例如采用光伏组件代替屋顶瓦片或者构筑建筑幕墙等。

(a) BAPV组件

(b) BIPV组件

图 8-21　建筑构件型组件

BIPV 组件在满足普通光伏组件测试要求的同时，还需满足建筑方面的安全性能和机械性能要求，所以 BIPV 组件大多采用可靠性和机械性能都较高的双玻组件结构或中空玻璃结构，见图 8-22。

不管是 BAPV 系统还是 BIPV 系统，都不需要额外占地，可以有效减少建筑能耗，就地发电，就地消耗。这两种系统根据使用场地不同，有以下两种典型应用。

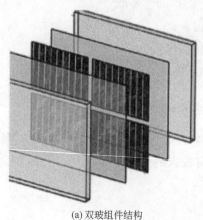 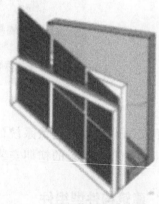

(a) 双玻组件结构　　　　　　　　(b) 中空玻璃结构

图 8-22　BIPV 组件结构

1. 建筑幕墙

建筑幕墙寿命一般为 25 年，而光伏组件的质保期一般在 25 年以上，从寿命角度看，光伏组件完全适合做幕墙。而且用组件做幕墙，既能发电，又节约了昂贵的建筑装饰材料，外观也更具有魅力。图 8-23 所示为用双玻组件做建筑幕墙实例图。

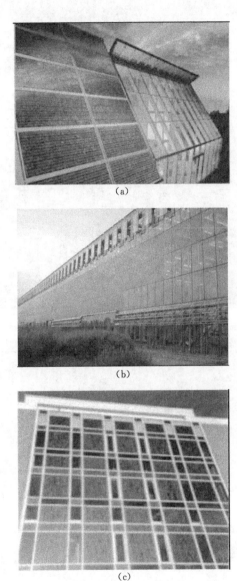

图 8-23 双玻组件做建筑幕墙实例图

2. 遮阳

BIPV 遮阳组件一般采用双玻组件，双玻组件在将多余目光转换为电能的同时，还能有效保证建筑内部的蔡光亮，目前在窗帘、遮阳棚、农业大棚、车棚、体育馆等方面都有很好的应用，见图 8-24。

(a) 光伏体育馆

(b) 光伏遮阳棚

(c) 光伏走廊

(d) 光伏农业大棚

(e) 光伏车棚

图 8-24　BIPV 组件的遮阳应用示例

8.4　智能型光伏组件

智能型光伏组件是指具有功率优化、智能诊断监控、自动关断以及通信功能的组件，其智能功能一般通过安装在接线盒里的集成电路实现。接线盒里设有无线发射装置，用来传输各种控制信号和检测数据。目前智能型组件主要分为带开关功能的自动关断监控型（Switch-off 型）、直流-直流优化型（DC-DC 型）、直流-交流优化型（DC-AC 型）。

8.4.1　Switch-off 型

自动关断监控型组件能在系统故障达到或超过预警程度时对局部电路进行切断。它实时监控并传输每块组件的电流、电压、功率等，如果发现某一块组件异常，会通过控制 MOS 管的导通状态把有问题的组件旁路掉，确保其他组件正常工作。图 8-25 所示为 Switch-off 型组件的接线盒控制原理图。

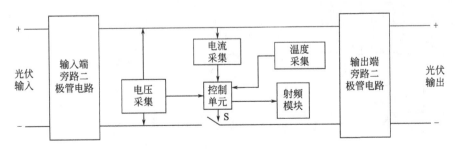

图 8-25　Switch-off 型组件的接线盒控制原理图

8.4.2 DC-DC 型

DC-DC 型智能组件在接线盒里集成 buck 或 boost 电路，称为智能接线盒，通过在每一块组件上安装智能接线盒，可以监控每块组件的发电性能，从而在发生异常时对每一块组件进行单独处理，实现组件级 MPPT（最大功率点跟踪），然后再和常规系统一样在逆变器端进行 MPPT，这样可以大大提高系统发电量。这种组件在局部受阴影遮挡时，可以自动进行降压调节，保证每块组件以最大功率输出，这样可以降低一个阵列中因电流失配引起的串联功率损失。图 8-26 所示为 DC-DC 型组件控制结构图。

也有一些外挂式的智能接线盒，单独安装在组件的边框或支架上，这样就可与常规组件兼容，只需要在逆变器里或者在终端安装接收装置。

常规接线盒组件的功率优化器本身需要消耗能量，在没有阴影遮挡情况下，组件输出功率反而会降低 0.5% 左右，因此 DC-DC 型组件主要应用于有阴影遮挡的地方，以提高发电量。功率优化器也可以兼具通信功能，在终端实现发电量的监控和分析。近年来，Maxim Integrated 公司推出了组件内部电池串级功率优化器，其特点是每一串电池都具有优化功能，这样可以进一步优化系统的发电量。我国天合光能公司在其生产的 Trinapeak 智能组件上就采用了这款优化器，见图 8-27。

考虑到智能接线盒成本比较高，实际应用中，可以在有阴影遮挡的地方使用智能接线盒组件，没有遮挡的地方使用常规接线盒组件，同样可以实现系统功能的优化。

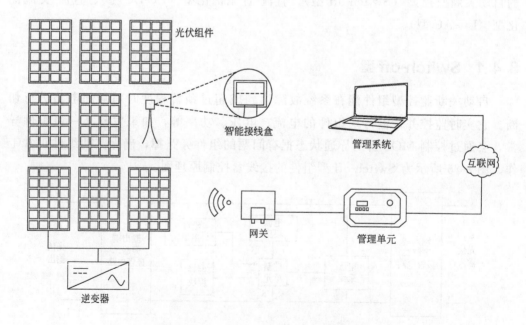

图 8-26　DC-DC 型组件控制结构图

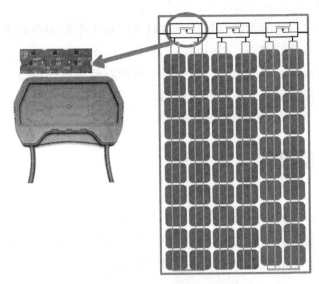

图 8-27 Trinapeak 智能组件及结构

8.4.3 DC-AC 型

DC-AC 型智能组件将传统接线盒与微型逆变器集成为一个整体，使得每块组件都接有一个小型逆变器，直接输出交流电，并且能对每一块组件单独进行 MPPT 控制，实现最大发电量，避免了集中式逆变的一些问题，如阴影、热斑等。此外，DC-AC 型智能组件结合通信模块还可以监控和分析发电量，监控各个组件的状态，及时检测到故障组件，从而及时维修。

DC-AC 型组件可以实现每块组件直接接入电网中，减少电力传输过程中的功率损耗，目前市场上出现的 DC-AC 型智能组件基本都是基于美国国家半导体公司的 SolarMagic 技术设计开发出来的，代表产品有 Tigo、Solaredge 等品牌，现在也有国内公司在生产，例如重庆西南集成电路设计公司等。

各类智能光伏组件在实际应用中，通信、智能监控、诊断是最基本的功能配置，然后在此基础上实现光伏组件的智能关断、智能报警、功率优化、历史数据查询等功能。

(1) 运维安全，自动关断。光伏电站突发意外（火灾、短路等）需要运维人员维护时，系统存在上千伏的电压，对人员和设施都具有巨大的威胁。而具备组件级关断功能的接线盒可以在故障发生时关断所有光伏板的电压输出，保证故障处理时的安全性。

(2) 故障精确定位。光伏智能接线盒每个盒子均具有独立的 ID，电站服务器上列有各组件的排布信息，当某一个组件出现问题时，可将组件的具体位置上传服务器，不需要人为排查。

(3) 自动报警，加快反应时间。光伏智能接线盒可判断组件的工作状态，对异常组件主动报警。

（4）功率优化。智能光伏组件可以对组件的输出电性能参数进行优化，特别是在有热斑和阴影遮挡的时候，可以使发电量提高 5%～10%。

（5）组件历史发电数据查询。光伏智能监控系统能够提供各光伏组件的历史发电数据，便于查询与对比分析组件的性能。

8.5 概念型组件

除了目前市场上的主流组件之外，还有很多组件处于试验阶段或小批量生产阶段，例如一些研究团队推出的概念型组件，这些组件由于工艺、成本等原因暂时未得到市场化应用。本节就几种概念型组件做简要介绍。

8.5.1 光伏/光热一体化组件系统

太阳能利用主要两种形式：一种是将太阳能转化为电能，称为光电利用；另一种是将太阳能转化为热能，称为光热利用。光伏组件在将太阳能转化成电能的同时会产生热能，这些热能会使组件温度升高，造成组件转换效率下降。对于单晶硅太阳电池，温度每升高 1℃，效率下降 0.4% 左右。自从 1978 年 Kern 和 Russell 首次提出使用水或空气作为载热介质的光伏/光热一体化（PV/T）系统的概念以来，世界上已有许多研究者对 PV/T 系统进行了理论分析。Bergene 和 Lcvvik 的理论研究指出，PV/T 系统的光电光热总效率可以达到 60%～80%。

光伏/光热一体化组件系统在组件背面设计有流体通道，将流体通道和太阳能热水器利用装置连接起来，不但有效利用了热能，而且降低了光伏组件温度，从而提高了光电转化效率。光伏/光热一体化组件系统在农业干燥、建筑采暖以及生活热水等方面都有广阔的应用前景。图 8-28 所示为光伏/光热一体化示范工程。

8.5.2 集成二极管光伏组件

如果一块光伏组件中的电池受到树叶、鸟粪等污迹覆盖，那么这片电池的采光受到遮挡，将造成热斑效应，即被遮挡的部分将变成阻抗负载而发热。由于组件中的所有电池处于串联状态，根据最小电流效应原理，这一单片电池将严重影响整个组件的输出效率，采用旁路二极管可以解决这一问题。一块传统的 60 片电池组件，其内部电池全部串联，其中相邻的每 20 片电池并联 1 个肖特基二极管。若某片电池遭受遮挡，其余 19 片电池将会因为二极管的旁路作用而失去发电能力，组件的输出功率将产生较大损失。如果在每片电池上都集成一个二极管，就可以降低热斑效应的影响，最大限度保证组件的最大功率输出。

集成二极管光伏组件一般先是采用丝网印刷方法在特定区域印刷合适的浆料，经烧结后利用激光刻槽隔离的方法来制作旁路二极管，二极管的正极位于硅片上表面，即受光面，负极位于硅片下表面，恰好与太阳电池的正负极相反，故需要印刷6次，见图8-29。

图 8-28　光伏/光热一体化示范工程

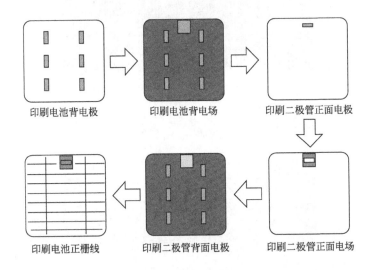

图 8-29　旁路二极管丝网印刷流程图

在进行电池串联焊接时,电池上的旁路二极管和相邻的太阳电池反向并联,保护相邻的太阳电池。图 8-30 是组件的连接方案示意图,图 8-31 是对应的电路连接实物图。

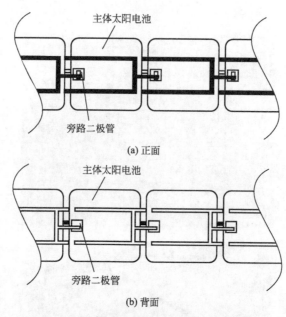

图 8-30 集成旁路二极管组件的连接方案图

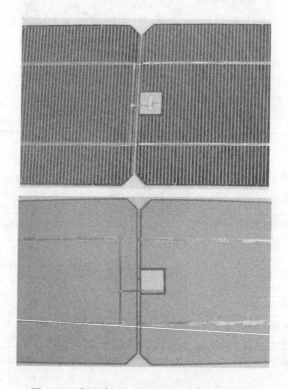

图 8-31 集成旁路二极管电池的连接实物图

从图 8-30、图 8-31 可以看到，由于集成旁路二极管 p-n 结方向与主体太阳电池 p-n 结方向相反，旁路二极管与太阳电池之间互连条的焊接可以在同一面上完成，焊接操作简便，不会额外增加上下表面绕焊的操作，有利于控制电池的破损率。这种组件制备流程与常规工艺完全兼容，只是额外增加了三道丝网印刷工序和激光隔离工序。但是，采用集成旁路二极管结构，丝网印刷工序从 3 次增加为 6 次，增加了硅片破损和被污染的风险，生产成本也有所增加。图 8-32 所示为集成旁路二极管光伏组件实物照片。

集成旁路二极管组件虽然可有效减少组件被遮挡时的功率损失，并能使短路电流保持稳定，但其制造工艺复杂，成品率低，因而未能在市场上得到推广应用。

图 8-32　集成旁路二极管光伏组件实物照片

8.5.3　柔性晶体硅电池组件

通过改变封装材料可以将 Sunpower 的 IBC 电池做成半柔性组件，应用于一些曲面物体上，但目前并未得到大规模应用。近期施正荣博士研发出一款名为 eArche 的组件，并在悉尼的新产品发布会上亮相，据称它是对具有半个多世纪历史的传统光伏组件的一次颠覆。

据称，eArche 采用了一种创新的特殊复合材料，将晶体硅电池组件的重量和厚度分别降低到传统光伏组件的 20% 和 5% 以下，既有轻、柔、薄、美的特点，又具有高转换率，实现了光伏产业梦寐以求的 "晶体硅薄膜组件"，见图 8-33。eArche 产品容易被集成到建筑材料的表面，如屋面的瓦片和房屋外墙装饰材料上，也可方便地安装在一些承载能力较小的屋面结构上，如工业厂房和车棚等。据称 eArche 产品具有建筑材料的很多特质，其形状大小可以订制化，是预制装配房和新建房屋的理想装饰材料。

对于一款 260W 的光伏组件，传统产品的重量大约 20kg，而 eArche 产品重量不到 6kg，一个 40 英尺的集装箱可装运 1MW 的 eArche 产品，却只能装运 200kW 的传统组件产品。通常 100kW 传统组件的重量在 8000kg 左右，而 eArche 产品的重量只有 2000kg。许多工业和商业屋顶不能承受传统光伏组件的重量而未能安装

图 8-33　eArche 组件图例

光伏发电系统，这种产品的出现将会使这个问题迎刃而解。同样对于一个光伏停车场，安装传统组件需要大量的钢筋混凝土材料提供支撑，而采用 eArche，结构成本大大降低，同时能满足曲线等建筑美学的要求。

这种组件据称将会先在日本和澳大利亚进行销售，但至今仍未在市场上见到踪影，是否能顺利产业化，我们将拭目以待。无论如何，人类对光伏产品"轻、薄、柔、美"的追求会一直持续下去。

8.5.4　彩色光伏组件

传统光伏组件正面大多呈深蓝色或黑色，这能帮助光伏组件最大限度地吸收阳光进行发电。随着光伏技术的日益发展，人们对光伏组件的装饰性要求也越来越高，于是彩色光伏组件便应运而生。

通常晶体硅太阳电池前表面采用折射率约为 1.95、厚度约 75nm 的 SiN_x 薄膜作为减反射层，此时电池呈现深蓝色，通过调节 SiN_x 薄膜层的厚度，可以使电池呈现绿色、橙色、红色等，从而可以得到不同色彩的光伏组件，见图 8-34。但如果采用单层减反射膜，改变膜厚将导致太阳电池的功率出现不同程度的降低。为此，一般采用双层或多层减反射膜来制作不同色彩的电池，同时不会影响电池的效率。

2015 年，瑞士联邦理工学院电子与微技术研究中心开发出一种可以控制颜色的太阳电池组件，从外观看没有普通光伏组件常见的方形格子和连线，它借助一种特殊的过滤装置，使光谱中其他光线发生散射，而只允许红外线通过，并将其转化为电能。这种组件可以用于屋顶、建筑物表面，作为"光伏瓷砖"，见图 8-35。该技术有望在消费电子和汽车等领域获得应用。

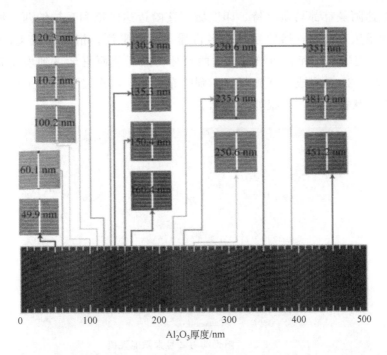

图 8-34 改变双层减反膜系中顶层 Al_2O_3 厚度使电池呈现出不同颜色

图 8-35 彩色光伏瓷砖图例

8.6 高端组件和特殊应用

光伏组件还可应用在太阳能飞机、太阳能汽车及太阳能轮船上。2015 年 3 月 9 日,瑞士探险家安德烈·波许博格和贝特朗·皮卡尔轮流驾驶阳光动力 2 号(Solar Impulse 2,见图 8-36)太阳能飞机,从阿联酋首都阿布扎比起程,自西向东飞行，依次抵达阿曼首都马斯喀特、印度城市艾哈迈达巴德和瓦拉纳西、缅甸的曼德勒、中国的重庆和南京，然后经日本名古屋飞越太平洋，抵达夏威夷；从 2016 年 4 月开始飞越美国本土和大西洋，抵达西班牙，然后从西班牙飞到埃及开罗，最后于 2016 年 7 月 24 日完成环球旅行，回到阿布扎比。这次飞行完全采用太阳能清洁能源，是对光伏能源的一次很好的展示。

图 8-36　阳光动力 2 号太阳能飞机

该飞机在两个长达 72m 的机翼上安装了 17248 片由 Sunpower 公司提供的高效 IBC 光伏电池，电池厚度只有 $135\mu m$，转换效率高达 23%，每天可以产生 $340kW \cdot h$ 的电量；飞机最高时速为 140km/h。

2015 年 8 月 1 日，全球最大的太阳能汽车赛——铃鹿 FIA 太阳能汽车赛在日本铃鹿圆满落幕。天合光能与大阪产业大学合作研制的太阳能赛车 "OSU-Model-S"（见图 8-37）在 5 小时的赛事争夺中以 66 圈（5.8km/圈）、领先第二名 3 圈的

图 8-37　采用天合光能生产的 IBC 电池建成的赛车

绝对优势夺得冠军。比赛过程中,"OSU-Model-S"太阳能赛车平均速度达到78.5km/h。因此该赛车也被列入"梦想"级别,即5小时赛车车程的最高级别。该赛车顶部铺设了565片由天合光能研发的IBC高效电池,提供赛车的全部动力。该批次IBC电池的量产转换效率平均达23.5%,而天合IBC实验室最高效率记录达到25.04%,是于2018年2月26日在日本JET测试机构测得的,该电池是经第三方权威机构认证的中国本土首批效率超过25%的单结晶体硅电池,达到了当时世界上大面积6英寸晶体硅衬底上制备的晶体硅电池的最高转换效率。

未来太阳能将广泛用于各行各业,有权威机构预测,到2050年,太阳能发电将占全球能源供应的20%以上。

附录

附录1 光伏组件外观检验标准

项目		A级			B级			C级
4.1.1 电池								
种类	不允许单晶硅、多晶硅电池同时在一块组件内出现							
颜色	同一组件中的电池颜色必须均匀一致,颜色范围从黑色开始,经深蓝色、蓝色到淡蓝色,允许存在相近颜色,但不允许电池跳色							
崩边、缺口、掉角	内容	长度	数量	内容	长度	数量	不影响电性能	
	崩边	≤3mm	Q≤6	崩边	≤5mm	Q≤6		
	崩边	3~8mm	Q≤6	崩边	5~10mm	Q≤10		
	C型缺角	≤2mm	Q≤6	C型缺角	≤3mm	Q≤10		
	C型缺角	≤5mm	Q≤1	C型缺角	≤5mm	Q≤3		
	V型缺角	不允许		V型缺角	≤3mm	Q≤3		
栅线	栅线清晰,允许存在断线,其断开距离≤1mm,断开数量≤6处;允许有轻微虚印,面积小于电极总面积的5%;允许存在粗点,其面积≤0.3mm×0.3mm,数量≤2处			栅线允许存在断线,其断开距离≤1.5mm,断开数量在6~10处之间;允许有轻微虚印,面积小于电极总面积的10%;允许存在粗点,其面积≤0.3mm×0.3mm,数量在2~5处			电性能合格	
划伤	总长度≤5mm,宽度≤0.2mm,每片电池要求≤1条,每块组件允许划伤电池数量≤2片			总长度≤5mm,宽度≤0.2mm,每片电池要求≤5条,每块组件允许划伤电池数量≤5片			无质量隐患	
漏浆	漏浆单个面积小于0.2mm×0.2mm,单片电池漏浆数量≤2个,每块组件允许漏浆电池数量≤2片			所有缺陷在1m处看不见,同时不存在质量隐患			无质量隐患	

续表

项目	A 级	B 级	C 级
斑点	允许有轻微缺陷（水痕印，手指印、未制绒、未镀膜），缺陷部分≤1个，总面积≤5mm²，不允许有亮斑	允许有轻微缺陷（水痕印，手指印、未制绒、未镀膜），缺陷部分≤3个，总面积≤8mm²，不允许有亮斑	无质量隐患

4.1.2 层压

项目	A 级	B 级	C 级
表面清洁度	组件表面要求清洁无异物；除密封粘接部位，其余表面（玻璃、边框、导线、连接头）无可见的硅胶、胶带及 EVA 残留等异物残留		
色差、外观	同批组件不允许出现三种及以上颜色电池组件，无有色沉淀的水渍		
间距	所有电池之间的距离≥1mm（包括片距和串距）；所有间距按相应的层压图纸检验；所有片与片、串与串之间的距离不可背离平均值±1mm，电池串没有可见的弯曲或扭曲，电池和边框之间的距离≥5mm，两边间距要相等，左右差距不得≥3mm	在同一个电池串上，片距≥0.5mm，串距≥0.5mm；所有间距按相应的层压图纸检验；电池和边框之间的距离≥3mm	在同一个电池串上，片距≥0.5mm，串距≥0.5mm；电池和边框之间的距离≥2mm
气泡	a）电池上，允许存在≤2mm²的气泡3个，并且不在同一片电池上；b）不在电池上，允许存在≤2mm²的气泡2个，或者最多允许存在小于2mm²总面积的气泡2个或者2组，2个或者2组气泡不得相连或者明显地临近；c）气泡不得使边框与电池之间形成连通	允许最大直径为2mm的气泡最多5个；长度方向的气泡宽度小于1mm，长度小于5mm，数量小于3个；气泡总数量少于8个	气泡不得造成脱层，不得使边框与电池之间形成连通
背面褶皱	允许有轻微褶皱以及由引线引起的轻微凸起，褶皱或凸起的高度不超过0.5mm，长度超过3cm的褶皱条数不超过3条；高度不超过0.5mm、长度不超过3cm的不超过5条	背面允许存在高度不超过1mm的褶皱，条数不可超过4条；允许存在由引线引起的凸起	不允许有超过7cm×7cm的长条褶皱；小于7cm×7cm的长条褶皱每平方米小于8个，不允许有明显手感的褶皱
背面鼓包	背面无鼓包	背面无鼓包	背面无鼓包
内部杂质	内部允许存在面积小于4mm²的污垢，但是污垢不得引起内部短路，不多于3个	污垢不得引起内部短路，面积小于6mm²；不得引起内部短路，允许存在长度≤20mm的头发状的污垢，不多于5个	污垢不得引起内部短路

续表

项目	A级	B级	C级
4.1.3 背板			
背板空洞、撕裂	不允许		
划伤	不允许	有轻微划伤,没有划破聚酯薄膜层,没有明显手感	没有划破聚酯薄膜层,无明显手感
背板鼓点	组件上鼓点高度超过1mm,数量不超过10个;鼓点高度低于1mm的数量不计;这种轻微鼓点状况不能加剧;不可以有尖锐结构	鼓点高度超过1mm,数量超过10个;不可以有尖锐结构	允许有
背板凹陷	面积小于25mm^2,深度不超过0.5mm,数量不超过5个	组件背面允许凹陷面积不超过50mm^2,深度不超过1mm,数量不超过8个	组件背面允许凹陷面积不超过100mm^2,深度不超过1mm,数量不超过8个
4.1.4 钢化玻璃	划痕: 长/mm: <5, 5~10, 10~25 允许有宽<0.5mm: 4, 2, 1 气泡: ϕ: $\phi<2mm$, $2mm\leq\phi\leq4mm$ Q: $Q\leq10$, $Q\leq1$ 表面无脏污,无彩虹斑纹,无凹点和凸点,镀膜玻璃膜色一致,不能有花色、亮斑; a)任何100mm×100mm的面积内,3种类型缺陷分别<2个; b)总缺陷数量≤3个; c)没有任何内含颗粒物质; d)不允许有凹坑	划痕宽度小于1mm,划痕总长度小于150mm;没有任何内含颗粒物质;不允许有凹坑	没有内含颗粒物,不影响机械性能和电性能;不允许有凹坑
4.1.5 焊接			
电池的焊料、助焊剂、焊锡	无可见的焊锡或助焊剂;焊料、助焊剂距互连条≤3mm,且焊锡、助焊剂、焊料导致的污染长度≤30mm	无可见的焊锡或助焊剂;焊料、助焊剂距互连条>3mm或由于焊锡、助焊剂、焊料导致的污染长度>30mm	污染物的面积<电池表面积的4%
焊接外观质量	距组件0.5m处目视,涂锡铜带(互连条、汇流条)表面光滑平整; 没有焊接毛刺、重叠、扭曲、脏污、缺口和涂层缺陷; 互连条和汇流条无铜层外露或颜色异常; 互连条与主栅线的偏移≤1/3主栅宽度	电性能合格的互连条与主栅线的偏移≤1/2主栅宽度	不影响电性能

续表

项目		A级	B级	C级
4.1.6	铝合金边框	a)铝型材接缝配合良好,缝隙不超过0.3mm; b)表面清洁干净,不得有污垢与字迹; c)所有型材断缝处、安装口处不得有毛刺; d)允许有不明显的轻微划伤; e)组件长短边框安装上下错位:A面≤0.5mm,C面≤0.8mm; f)边框变形不大于2mm	a)铝型材接缝配合缝隙超过0.6mm; b)表面清洁干净,不得有污垢与字迹; c)所有型材断缝处、安装口处不得有可能引起人员伤害的毛刺; d)铝合金边框存在明显的划伤,组件短边框存在可以看出的弯曲; e)边框变形,不大于4mm	劣质边框:长期的机械不稳定性危险和水直入边框的危险
4.1.7	接线盒和电缆	a)允许位置偏移小于1cm,角度偏移小于5度; b)黏结胶溢出可见并且均匀; c)二极管极性一致,数量方向正确;接线端子完整; d)引出线焊接/卡接牢靠; e)灌封胶完全密封	a)允许位置偏移,角度偏移; b)黏结胶溢出可见并且均匀; c)二极管极性一致,数量方向正确;接线端子完整; d)引出线焊接/卡接牢靠; e)灌封胶完全密封	同B级要求

注:1.一般来说,该标准由供需双方共同商量决定;
2.该检验标准的条款仅供参考,因为各家标准要求不同,而且随着工艺技术的发展,标准也在不断更新中。

附录2　EL判定标准

缺陷类型	缺陷图片	不良描述	A级	B级	C级
隐裂		电池中存在深色的线条	贯穿电池:不良面积≤1/20电池面积,不良数量≤1/12单个组件电池数量;未贯穿电池:隐裂长度≤1/2电池长度,不良数量≤1/8单个组件电池数量	不良数量≤1/3单个组件电池数量	OK
破片、碎片		电池中存在有明显边界的黑色区域,并且与周围存在明显的碎痕和明暗对比	失效面积≤1/20单个电池面积,失效片数≤1/12单个组件电池数量	失效片数≤1/6单个组件电池数量	OK
黑心片		电池中间存在有明显边界的黑色喷墨状区域	失效面积≤1/10单个电池面积,失效片数≤1/12单个组件电池数量	失效面积≤1/10单个电池面积,失效片数≤1/3单个组件电池数量	OK

续表

缺陷类型	缺陷图片	不良描述	A级	B级	C级
云片		电池中间存在明显的灰黑色云雾状区域	失效面积≤1/2单个电池面积,失效片数≤1/10单个组件电池数量	OK	OK
断栅		电池细栅线方向有条状黑色线条或区域	失效面积≤1/10单个电池面积,失效片数≤1/12单个组件电池数量	失效面积≤1/10单个电池面积,失效片数≤1/3单个组件电池数量	OK
死片		整片或一半以上整体的黑色区域	NG	NG	NG
明暗片		电池整片颜色与同一组件的大部分电池颜色明暗不一	明暗区分不明显的允许,明显明暗不一致的不允许	OK	OK

注:一般来说,该标准由供需双方共同商量决定;该检验标准的条款仅供参考,因为各家标准要求不同,而且随着工艺技术的发展,标准也在不断更新中。

附录3 光伏组件相关的国家标准、行业标准和国际标准对照表

标准名称	标准号	标准级别	对应国际标准
太阳光伏能源系统术语	GB/T 2297—1989	国家标准(现行)	IEC/TS 61836
太阳光伏能源系统图用图形符号	SJ/T 10460—2016	行业标准(现行)	—
太阳电池型号命名方法	GB/T 2296—2001	国家标准(现行)	—
光伏用紫外老化试验箱辐照性能测试方法	2016-0994T-SJ	行业标准(制定中)	—
太阳电池组件电致发光缺陷检测仪通用技术条件	2014-1856-T-339	国家标准(制定中)	—
太阳电池电性能测试设备检验方法	SJ/T 11061—1996	行业标准(现行)	—
光伏涂锡焊带	GB/T 31985—2015	国家标准(现行)	—

续表

标准名称	标准号	标准级别	对应国际标准
晶体硅光伏组件用热浸镀型焊带	SJ/T 11550—2015	行业标准(现行)	—
晶体硅光伏组件用免清洗型助焊剂	SJ/T 11549—2015	行业标准(现行)	—
太阳能玻璃 第1部分:超白压花玻璃	GB/T 30984.1—2015	国家标准(现行)	—
光伏组件用超薄玻璃	SJ/T 11571—2016	行业标准(现行)	—
光伏组件封装用乙烯-醋酸乙烯酯共聚物(EVA)胶膜	GB/T 29848—2013	国家标准(修订中)	—
光伏组件用乙烯-醋酸乙烯共聚物交联度测试方法——差示扫描量热法(DSC)	20110738-T-469	国家标准(制定中)	IEC 62775
光伏组件用乙烯-醋酸乙烯共聚物(EVA)中醋酸乙烯(VA)含量测试方法——热重法(TGA)	GB/T 31984—2015	国家标准(现行)	—
地面用光伏组件密封材料硅橡胶密封剂	GB/T 29595—2013	国家标准(现行)	—
光伏组件用材料测试程序 第1-2部分:封装材料——封装胶膜及其他聚合物材料体积电阻率测量方法	—	—	IEC 62788-1-2
光伏组件用材料测试程序 第1-3部分:封装材料——介电强度测试	—	—	IEC 62788-1-3
光伏组件用材料测试程序 第1-4部分:封装材料——透射率的测量和太阳加权透光比、黄变指数及紫外截止波长的计算	—	—	IEC 62788-1-4
地面用太阳电池标定的一般规定	GB/T 6497—1986	国家标准(现行)	—
光谱标准太阳电池	GB/T 11010—1989	国家标准(现行)	—
光伏器件 第1部分:光伏电流-电压特性的测量	GB/T 6495.1—1996	国家标准(现行)	IEC 60904-1
光伏器件 第2部分:标准太阳电池的要求	GB/T 6495.2—1996	国家标准(修订中)	IEC 60904-2
光伏器件 第3部分:地面用光伏器件的测量原理及标准光谱辐照度数据	GB/T 6495.3—1996	国家标准(修订中)	IEC 60904-3
光伏器件 第4部分:标准光伏器件溯源链建立程序	20141853-T-339	国家标准(制定中)	IEC 60904-4
光伏器件 第5部分:用开路电压法确定光伏(PV)器件的等效电池温度(ECT)	GB/T 6495.5—1997	国家标准(现行)	IEC 60904-5
光伏器件 第6部分:标准太阳电池组件的要求	SJ/T 11209—1999	行业标准(已废止)	IEC 60904-6
光伏器件 第7部分:光伏器件测量过程中引起的光谱失配误差的计算	GB/T 6495.7—2006	国家标准(现行)	IEC 60904-7
光伏器件 第8部分:光伏器件光谱响应的测量	GB/T 6495.8—2002	国家标准(现行)	IEC 60904-8
光伏器件 第9部分:太阳模拟器性能要求	GB/T 6495.9—2006	国家标准(修订中)	IEC 60904-9
光伏器件 第10部分:线性特性测量方法	GB/T 6495.10—2012	国家标准(现行)	IEC 60904-10

续表

标准名称	标准号	标准级别	对应国际标准
光伏器件 第11部分：晶体硅太阳电池初始光致衰减测试方法	GB/T 6495.11—2016	国家标准(现行)	IEC 60904-11
晶体硅光伏器件的I-V实测特性的温度和辐照度修正方法	GB/T 6495.4—1996	国家标准(现行)	IEC 60891
地面用晶体硅太阳电池总规范	GB/T 29195—2012	国家标准(现行)	—
地面用晶体硅光伏组件设计鉴定和定型	GB/T 9535—1998	国家标准(现行)	IEC 61215
地面用薄膜光伏组件设计鉴定和定型	GB/T 18911—2002	国家标准(修订中)	IEC 61646
光伏(PV)组件安全鉴定 第1部分：结构要求	GB/T 20047.1—2006	国家标准(修订中)	IEC 61730-1
光伏(PV)组件安全鉴定 第2部分：测试要求	—	—	IEC 61730-2
光伏(PV)组件紫外试验	GB/T 19394—2003	国家标准(现行)	IEC 61345
光伏组件盐雾腐蚀试验	GB/T 18912—2002	国家标准(修订中)	IEC 61701
光伏组件氨腐蚀试验	20151506-T-339	国家标准(制定中)	IEC 62716
光伏组件循环(动态)机械载荷试验	20151507-T-339	国家标准(制定中)	IEC 62782
地面用晶体硅光伏组件电势诱导衰减测试方法	20151508-T-339	国家标准(制定中)	IEC 62804-1
光伏组件性能测试和能量评定 第1部分：辐照度和温度性能测量和功率评定	20141031-T-339	国家标准(制定中)	IEC 61853-1
光伏组件性能测试和能量评定 第2部分：光谱响应，入射角和组件工作温度的测量	20141854-T-339	国家标准(制定中)	IEC 61853-2
运输环境下晶体硅光伏组件机械振动测试方法	SJ/T 11572—2016	行业标准(现行)	—
光伏组件运输试验 第1部分：组件包装单元的运输和装卸	20141886-T-469	国家标准(制定中)	IEC 62759-1
光伏建筑一体化(BIPV)组件电池额定工作温度测试方法	20110053-T-469	国家标准(制定中)	—
地面光伏组件 光伏组件设计鉴定和定型质量控制导则	T/CPIA0001—2017	团体标准	IEC/TS 62941
晶体硅光伏(PV)方阵I-V特性的现场测量	GB/T 18210—2000	国家标准(现行)	IEC 61829
光伏阵列设计要求	—	—	IEC/TS 62548
地面用光伏组件连接器技术要求	20120656-T-424	国家标准(制定中)	—
光伏系统太阳跟踪器安全要求	—	—	PNW 82-1163
光伏电站太阳跟踪系统技术要求	GB/T 29320—2012	国家标准(现行)	—
地面用太阳能光伏组件接线盒技术条件	20100582-T-424	国家标准(制定中)	—
光伏组件用接线盒—安全要求及测试	—	—	IEC 62790
光伏组件接线盒用二极管技术要求	20121525-T-424	国家标准(制定中)	—

参考文献

[1] 沈辉,曾祖勤. 太阳能光伏发电技术. 北京:化学工业出版社,2005.

[2] 王炳忠等. 我国太阳能辐射资源. 太阳能,1998,(4):19.

[3] 胡润青. 太阳能光伏系统的能量回收期有多长. 太阳能, 2008,(3):6-10.

[4] Christensen, Elmer. Electricity from photovoltaic solar cells. Flat-plate Solar Array Project of the US Department of Energy's National Photovoltaics Program: 10 Years of Progress, JPL400-279 (5101-279), 1985.

[5] [澳] 马丁·格林. 太阳能电池工作原理、技术和系统应用. 狄大卫,曹昭阳,李秀文,谢鸿礼译. 上海:上海交通大学出版社,2010.

[6] Pern F. Ethylene-vinyl acetate (EVA) encapsulants for photovoltaic modules: degradation and discoloration mechanisms and formulation modifications for improved photostability. Die Angewandte Makromolekulare Chemie,1997,252(1):195-216.

[7] Jordan DC, Kurtz SR. Photovoltaic degradation rates-an analytical review. Progress in Photovoltaics: Research and Applications,2013,21(1):12-29.

[8] Takuya Doi. Izumi Tsuda, Hiroaki, et al. Experimental study on PV module recycling with organic solvent method. Solar Energy Materials & Solar Cells,2001,67(1):397-403.

[9] Yongjin Kim, Jaeryeong Lee. Dissolution of ethylene vinyl acetate in crystalline silicon PV modules using ultrasonic irradiation and organic solvent. Solar Energy Materials & Solar Cells,2012,(98):317-322.

[10] Frisson L, Liten K. Bruton, T. T Bruton, et al. Recent improvement in industial module recycling. Proceedings of 16th European photovoltaic solar energy conference. Glasgow UK,2000:1-4.

[11] Bombach E, Rover L, Muller A, et al. Technical experience during thermal chemical recycling of a 23 year old PV generator formerly installed on Pellworm Island. Proceeding of 21th European photovoltaic solar energy conference. Dresden Germany,2006:2048-2053.

[12] Katsuva Yamashita, Akira Miyazawa, Hitoshi Sannomiya. Research and development on recycling and reuse treatment technologies for crystalline silicon photovoltaic modules. Proceeding of photovoltaic energy conversion. America:IEEE press,2006.

[13] Sukmin Kang, Sungyeol Yoo, Jina Lee, et al. Experimental investigation for recycling of silicon and glass from waste photovoltaic modules. Renewable Energy, 2012, 47: 152-159.

[14] K. Wambach. PV module take back and recycling systems in Europe. The 21st international photovoltaic science and engineering conference. Fukuoka, 2011.

[15] 董娴. 光伏组件的性能分析与数值模拟 [D]. 广州：中山大学, 2011.

[16] 王宏磊. 微环境下晶体硅光伏组件 EVA 与背板衰退研究 [D]. 广州：中山大学, 2015.

[17] 金叶义. 光伏组件可靠性实例研究与分析 [D]. 广州：中山大学, 2015.

[18] 沈辉, 褚玉芳, 王丹萍, 张原. 太阳能光伏建筑设计. 北京：科学出版社, 2010.

[19] Deline C, Sekulic B, Stein J, et al. Evaluation of maxim module-Integrated electronics at the DOE regional test centers. Photovoltaic Specialist Conference. IEEE, 2014: 0986-0991.

[20] 陈开汉. 集成旁路二极管晶体硅太阳电池的制备和应用研究 [D]. 广州：中山大学, 2012.

[21] 陈奕峰. 晶体硅太阳电池的数值模拟与损失分析 [D]. 广州：中山大学, 2013.

[22] 刘斌辉. 晶体硅太阳电池复合表征分析与效率优化 [D]. 广州：中山大学, 2016.